KB137376

토브룩 1941

Campaign 80 : Tobruk 1941
by John Latimer

First published in Great Britain in 2001, by Osprey Publishing Ltd.,
Midland House, West Way, Botley, Oxford, OX2 0PH.

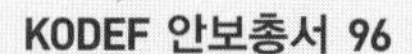

토브룩 1941

사막의 여우 롬멜 신화의 시작

존 라티머 지음 | **짐 로리어** 그림 | **김시완** 옮김 | **한국국방안보포럼** 감수

| 감수의 글 |

제2차 세계대전이 진행된 6년(1939년~1945년)이란 시간 속에서 1941년이 가지는 의미는 실로 지대하다. 1941년 2월 독일은 전역(戰域)을 서유럽 지역에서 지중해와 북아프리카 지역까지 확대했고, 6월 22일에는 소비에트 러시아에 대한 공격작전(Operation Barbarossa)을 시작했으며, 일본의 진주만 기습공격 후 12월 11일에는 미국에 대하여 전쟁을 선포하였다. 1941년을 기점으로 전쟁은 유럽의 무대를 벗어나 대서양과 태평양지역을 포함한 '세계대전'으로 발전하였다. 사람들은 세계에서 가장 강력한 두 국가인 미국과 소비에트 러시아를 상대로 새로운 전쟁 게임을 감행한 히틀러와 독일제국의 운명에 차츰 의심의 눈길을 주기 시작하였다. 이처럼 제2차 세계대전사에서 1941년은 히틀러의 패망과 연합국의 승리를 예고하는 전환점이 되었던 새로운 해(annus novus)라 하겠다.

이번에 소개되는 『토브룩 1941』은, 1941년 2월부터 6월까지 롬멜(E. Rommel)의 아프리카군단이 북아프리카의 지중해 지역인 시레나이카에서 전개한 공세적 기동작전과 이에 대항하여 영연방군이 지중해로 연결된 항구 토브룩으로 후퇴하여 전개한 방어작전을 다루고 있다.

1941년 여름의 토브룩 공방전에 앞서 북아프리카 전역(1940. 10~1943. 5)을 개관해볼 필요가 있다. 북아프리카 전쟁은 이미 리비아(트리폴리)에 상당한 전력을 전개한 이탈리아가 1940년 9월에 10개 사단을 동원하여 시레나이카에서 이집트로 진격함으로써 시작되었다. 하지만 이 공격은 곧 웨이벨(A. Wavell)과 오코너(R. O'Connor)가 지휘하는 영연방군 2개 사단의 반격으로 저지되었다. 이듬해인 1941년 1월 영연방군은 오히려 전략거점 항구인 토브룩을 점령하였고, 시레나이카 서부로 진격하여 트리폴리를 위협했다. 히틀러와 독일제국의 입장에서 볼 때, 트리폴리의 상실은 시칠리와 이탈리아 반도에 대한 심각한 위협이었다. 만약 이런 상황이 더욱 발전된다면 추축국의 한 축인 이탈리아의 군사적 붕괴뿐만 아니라 연합군에게 알프스 이남에 강력한 작전기지를 허용하게 되는 셈이었다.

이와 같은 전략적 상황 하에서 히틀러는 롬멜을 독일 아프리카군단 사령관으로 임명하여 사막전투를 지휘하게 하였다. 롬멜의 일차적 임무는 시레나이카를 영연방군으로부터 탈환하여 트리폴리에 대한 위협을 제거하는 것이었다. 롬멜이 북아프리카와 지중해를 안정시키는 동안에 독일국방군의 주공 전력이 소비에트 러시아를 공격하여 동·서유럽 전역을 장악하는 것이 히틀러의 궁극적 의도였다. 롬멜의 기갑사단은 3월 31일부터 공세적 기동을 시작하여 벵가지와 시레나이카를 탈환하고, 4월 중순부터 토브룩으로 영연방군을 몰아넣어 포위하였으며, 4월말에는 이집트로 가는 길목인 솔룸을 점령하였다. 그러나 롬멜은 일차적 임무 달성에 그치지 않고 동쪽으로 수에즈 운하를 목표로 한 대담한 기동을 계속하였다. 북아프리카 사막에서 롬멜의 우세는, 영연방군이 알렉산드리아 서쪽 96킬로미터에 위치한 엘알라메인까지 후퇴하여 강력한 방어진지를 구축하는 1942년 6월말까지 계속되었다(토브룩은 6월 21일 점령됨). 그러나 엘알라메인 전투(1942. 10.23~11.4)에서 승리의 여신은 영연방군에게 미소를 지었다. 그때까지 사막의 전차작전에서 천재성을 유감없이 발휘하였던 롬멜은 처음으로 참패를 당하게 된다.

이어 11월에 아이젠하워가 지휘하는 미군이 프랑스령 아프리카에 상륙하고, 1943년 1월 23일에 몽고메리가 지휘하는 영연방 제8군이 리비아의 트리폴리항을 점령함으로써 북아프리카 전쟁은 마침내 종결된다. 5월에는 튀니지에 남아있던 이탈리아군이 항복하고, 8월에 시칠리가 연합군에 점령되었으며, 9월부터 연합군의 이탈리아반도 상륙이 시작되었다.

토브룩 공방전의 두 주인공인 독일군과 영연방군의 작전은 우리에게 중요한 역사적 메시지를 준다. 먼저 독일은 본격적인 공지(空地)합동작전을 위하여 노르웨이에 주둔하고 있는 제10비행군단을 시칠리로 전개하였다. 슈트카폭격기들은 41년 1월초부터 영국군의 해상 수송로 차단을 위하여 수송선에 대한 공중폭격을 시작하였다. 롬멜은 시레나이카 탈환작전이 시작되자, 사막기동의 템포를 가속하기 위하여 전차부대 상공에서 연락기를 타고 명령문을 직접 하달하는 위험을 감수하였다. 이로써 롬멜은 공격 나흘 만에 벵가지를 장악하고, 4월 7일에는 토브룩에 도달하여 영연방군을 포위할 수 있었다. 특히 이 과정에서 독일군의 88밀리미터 대전차포는 약 2킬로미터의 장거리에서 영국군 전차를 날려버리곤 했다. 이 포는 원래 대공포로 개발된 것이지만 오히려 대전차전에서 효율적임을 간파한 독일군이 이를 개조하여 사용한 것이다. 특히 독일군의 창조성이 두드러지는 부분이다.

다음으로 영연방군의 경우에는 지휘관의 유연한 리더십이 승리의 핵심적 요소임을 분명하게 보여준다. 영연방군은 시레나이카에서 대부분의 전력을 그리스로 이동시켰기 때문에 롬멜의 공세기동이 시작되자 전력의 열세가 금방 드러났다. 전차기동전에서 밀린 영연방군은 토브룩으로 후퇴하였고, 토브룩 방어사령관 모스헤드(L. Morshead)는 4월 10일부터 지뢰를 매설하며 삼중 방어망을 구축하여 토브룩 항구를 요새화하였다. 이제부터 전투는 롬멜에게 유리한 기동전에서 진지전, 소모전, 장기전으로 전환된다. 영국의 지중해 함대는 소모적 장기전을 위하여 알렉산드리아－크레타－토브룩으로 연결되는 해상 병참선을 유지하는 데 모든 노력을 집중하였고, 7월초까지 토브룩에 60일분의 전쟁물자를 비축하였다. 또한 사령관인 모스헤드는 "토브룩은 절대 뎅케르크가 되지 않을 것이다. 이곳에서는 항복도, 후퇴도 없다."라고 말하며 호주·영국·인도 출신 부하장병들의 전투의지를 하나로 묶었다. 지휘관에 대한 강한 믿음과 존경이 병사들 마음 속에 자리잡자 병사들은 나무도, 꽃도 없는 사막의 항구 토브룩을 방어하는 임무 자체를 즐기고, 더 나아가 상하 간의 진한 전우애에서 행복을 느끼게 된다. 토브룩에서 모스헤드가 보여준 리더십은 손자(孫子)가 가르쳐준 '상하동욕자승(上下同欲者勝 : 윗사람과 아랫사람의 마음의 하나가 되면 전쟁과 작전에서 승리하게 된다)'의 가장 전형적인 본보기라 하겠다.

『토브룩 1941』은 북아프리카전쟁과 사막전투의 진행과정을 아주 쉽게 소개하고 있다. 이 책을 손에 쥔 어느 순간부터 독자들은 모래폭풍이 몰아치는 전투 현장에서 때로는 롬멜이, 때로는 모스헤드가 된 자신을 발견하게 될 것이다. 두 지휘관에 대한 생생한 심리묘사는 이 책의 또 다른 강점이다. 제2차 세계대전사에서 북아프리카 전역은 결코 주연무대가 아닌, 조연무대였다. 하지만 롬멜은 사막의 조연무대를 통하여 후대에 '전차전의 천재'라는 명성을 남겼고, 이 점에서 그는 프랑스혁명 진행과정에서 북이탈리아 전역에서 승승장구했던 나폴레옹을 연상케 한다. 한편 토브룩에서 보여준 모스헤드의 영웅적인 분전은, 포위된 안시성에서 수나라 군대를 공포에 떨게 하였던 양만춘 장군의 기개와 남해의 한산도에서 필사즉생(必死卽生)의 마음가짐으로 왜선을 격파하던 충무공 이순신의 숨결을 오늘을 살아가는 우리에게 전해준다.

이명환

전(前) 공군사관학교 군사전략학과 전쟁사 교수, 현(現) 서원대학교 강의교수

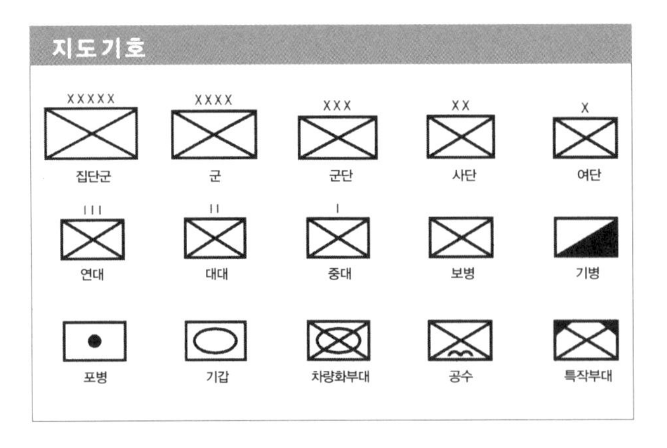
지도기호
XXXXX
집단군
XXXX
군
XXX
군단
XX
사단
X
여단
III
연대
II
대대
I
중대
보병
기병
포병
기갑
차량화부대
공수
특작부대

| 차 례 |

1941년 3월 지중해 영국군 배치도

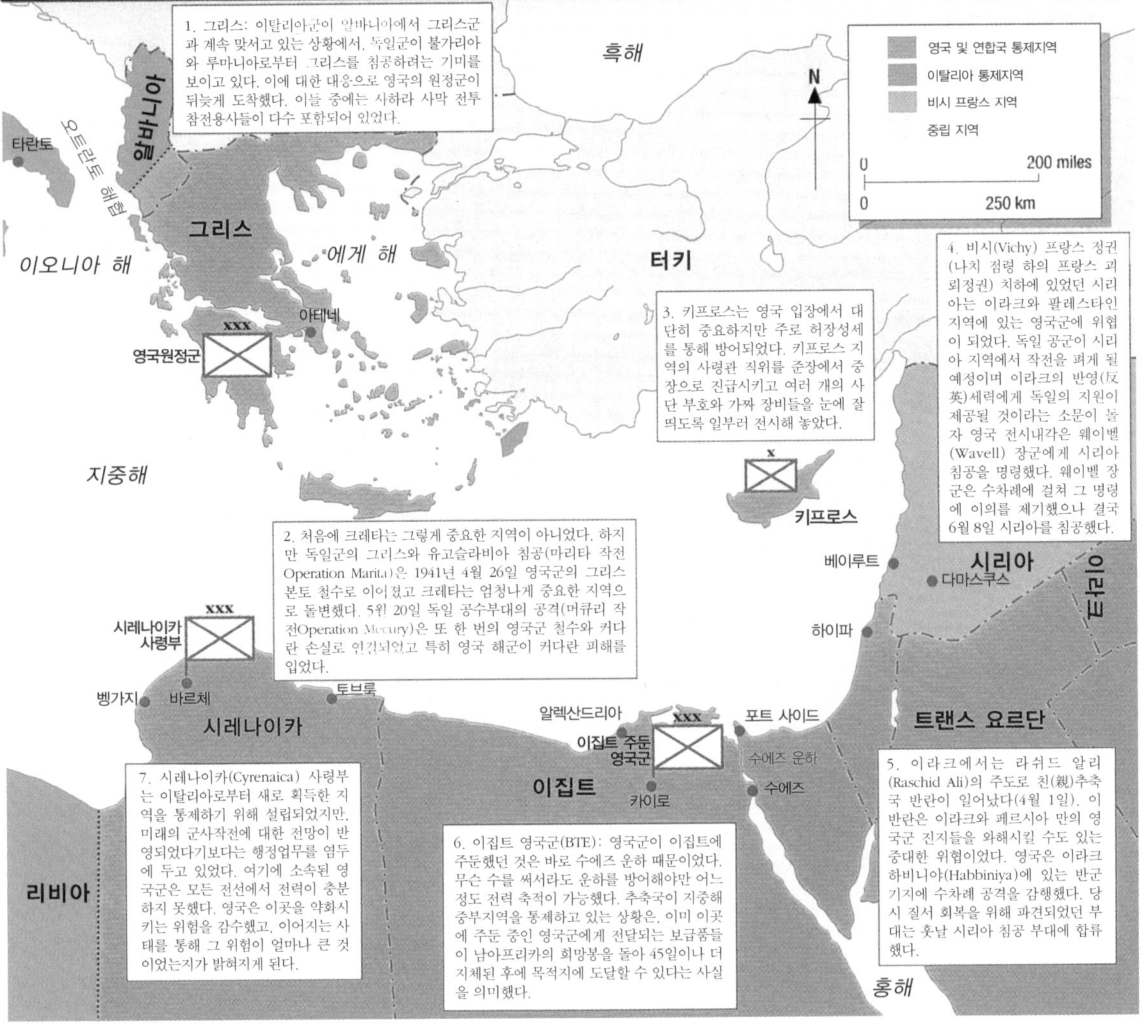

1. 그리스: 이탈리아군이 알바니아에서 그리스군과 계속 맞서고 있는 상황에서, 독일군이 불가리아와 루마니아로부터 그리스를 침공하려는 기미를 보이고 있다. 이에 대한 대응으로 영국의 원정군이 뒤늦게 도착했다. 이들 중에는 사하라 사막 전투 참전용사들이 다수 포함되어 있었다.

흑해

영국 및 연합국 통제지역
이탈리아 통제지역
비시 프랑스 지역
중립 지역

N

0 200 miles
0 250 km

알바니아
타란토
오트란토 해협
그리스
이오니아 해
에게 해
터키
아테네
XXX
영국원정군

4. 비시(Vichy) 프랑스 정권(나치 점령 하의 프랑스 괴뢰정권) 치하에 있었던 시리아는 이라크와 팔레스타인 지역에 있는 영국군에 위협이 되었다. 독일 공군이 시리아 지역에서 작전을 펴게 될 예정이며 이라크의 반영(反英)세력에게 독일의 지원이 제공될 것이라는 소문이 돌자 영국 전시내각은 웨이벨(Wavell) 장군에게 시리아 침공을 명령했다. 웨이벨 장군은 수차례에 걸쳐 그 명령에 이의를 제기했으나 결국 6월 8일 시리아를 침공했다.

3. 키프로스는 영국 입장에서 대단히 중요하지만 주로 허장성세를 통해 방어되었다. 키프로스 지역의 사령관 직위를 준장에서 중장으로 진급시키고 여러 개의 사단 부호와 가짜 장비들을 눈에 잘 띄도록 일부러 전시해 놓았다.

지중해
X
키프로스

2. 처음에 크레타는 그렇게 중요한 지역이 아니었다. 하지만 독일군의 그리스와 유고슬라비아 침공(마리타 작전 Operation Marita)은 1941년 4월 26일 영국군의 그리스 본토 철수로 이어졌고 크레타는 엄청나게 중요한 지역으로 돌변했다. 5월 20일 독일 공수부대의 공격(머큐리 작전Operation Mecury)은 또 한 번의 영국군 철수와 커다란 손실로 연결되었고 특히 영국 해군이 커다란 피해를 입었다.

베이루트
시리아
다마스쿠스
이라크
하이파
XXX
시레나이카 사령부
벵가지
바르체
토브룩
시레나이카
알렉산드리아
XXX
이집트 주둔 영국군
포트 사이드
수에즈 운하
트랜스 요르단
이집트
카이로
수에즈

7. 시레나이카(Cyrenaica) 사령부는 이탈리아로부터 새로 획득한 지역을 통제하기 위해 설립되었지만, 미래의 군사작전에 대한 전망이 반영되었다기보다는 행정업무를 염두에 두고 있었다. 여기에 소속된 영국군은 모든 전선에서 전력이 충분하지 못했다. 영국은 이곳을 약화시키는 위험을 감수했고, 이어지는 사태를 통해 그 위험이 얼마나 큰 것이었는지가 밝혀지게 된다.

리비아

6. 이집트 영국군(BTE): 영국군이 이집트에 주둔했던 것은 바로 수에즈 운하 때문이었다. 무슨 수를 써서라도 운하를 방어해야만 어느 정도 전력 축적이 가능했다. 추축국이 지중해 중부지역을 통제하고 있는 상황은, 이미 이곳에 주둔 중인 영국군에게 전달되는 보급품들이 남아프리카의 희망봉을 돌아 45일이나 더 지체된 후에 목적지에 도달할 수 있다는 사실을 의미했다.

5. 이라크에서는 라쉬드 알리(Raschid Ali)의 주도로 친(親)추축국 반란이 일어났다(4월 1일). 이 반란은 이라크와 페르시아 만의 영국군 진지들을 와해시킬 수도 있는 중대한 위협이었다. 영국은 이라크 하비니야(Habbiniya)에 있는 반군 기지에 수차례 공격을 감행했다. 당시 질서 회복을 위해 파견되었던 부대는 훗날 시리아 침공 부대에 합류했다.

홍해

| 토브룩 전투의 배경 |

지중해에서 전쟁이 시작되자 이탈리아군은 처음부터 독일 측에 전쟁물자 지원을 요청했다. 그러나 독일은 물자 지원을 주저할 수밖에 없었다. 어떤 지원이든 최상의 효과를 거두기 위해서는 독일군이 직접 참전하는 수밖에 없다고 믿고 있었기 때문이다. 1940년 7월, 독일이 제공한 장거리 폭격기는 로도스 섬에서 작전을 펼쳐 수에즈 운하를 공격했다. 독일은 지브롤터를 점령하는 계획도 수립했다. 하지만 놀랍게도 몰타(Malta)를 어떻게 처리할지는 계획조차 세우지 않았다. 이집트에서 영국군을 몰아내면 몰타는 손쉽게 독일군 수중에 떨어질 것이라고 생각했을지도 모른다.

그 해 여름이 다가고 영국 본토 침공에 대한 가능성이 사라지자 독일은 영국군을 공격할 다른 방안들을 검토하였다. 그 중에는 동지중해에서 독일공군(Luftwaffe)을 활용하는 방안과 이탈리아의 이집트 공격을 지원하기 위해 1개 기갑군단을 파견하는 방안도 포함되어 있었다. 이집트 공격

트리폴리에 도착하는 독일군 선발대 중에는 급수를 담당한 인력을 비롯하여 여러 특수임무요원들이 포함되어 있었다. 롬멜은 가능한 한 서둘러 병력을 전선으로 이동시키려고 했을 뿐 사막전에 반드시 따르기 마련인 군수문제에 대해서는 별로 신경을 쓰지 않았다. 사진 속의 3호전차(Panzer III)들은 5경사단 예하 5전차연대 소속으로 트리폴리 시가지를 행진하고 있다. 이들은 비아발비아(Via Balbia) 도로를 따라 신속하게 동쪽으로 이동했다.(TM 385/G1)

에 참가하는 방안은 수에즈 운하를 중요한 목표로 보고 있던 독일해군(Kriegsmarine)의 지지를 받았다. 아돌프 히틀러는 기갑병과의 고위 장교인 빌헬름 리터 폰 토마(Wilhelm Ritter von Thoma) 소장을 파견해 지중해 상황을 파악하도록 하는 한편, 3기갑사단을 아프리카로 출동할 수 있도록 대기조치했다.

1940년 10월 4일 히틀러와 무솔리니가 브레너패스(Brenner Pass)에서 회동했을 때, 일 두체(Il Duce, '영도자'라는 뜻으로 무솔리니의 별명—옮긴이)는 지중해와 관련된 독일 측의 여러 제안을 탐탁지 않게 여겼다. 10월 14일에는 빌헬름 리터 소장이 부정적인 내용의 보고서를 제출했다. 그 보고서에서 그가 장황하게(그의 손을 거치면 모든 일이 장황해졌다) 강조한 바에 따르면, 리비아에서는 군수와 보급이 대단히 어려웠다. 이에 따라 히틀러는 기존의 계획을 보류시키고 3기갑사단의 출동대기 태세를 해제했다. 히틀러는 11월 12일에 다음과 같이 기록했다.

"그럴 가능성은 별로 없지만 독일군이 개입하게 된다면, 그것은 이탈리아군이 메르사마트루(Mersa Matruh, 이집트 북서 해안 지역—옮긴이)까지 후퇴했을 경우가 될 것이다."

11월 20일 히틀러는 무솔리니에게 편지를 보내, 이탈리아 기지를 이륙한 독일의 장거리 폭격기들이 영국의 해상수송로를 공격하게 하는 작전을 제안했다. 원래 히틀러는 이듬해 2월에 이들 폭격기를 다른 작전에 사용할 계획이었지만 그때까지만이라도 영국에게 상당한 피해를 입힐 수 있다고 생각했다.

12월 10일, 히틀러는 '지중해 작전(Operation Mittelmeer)' 명령을 하달했다. 이 작전을 위해 선택된 부대는 노르웨이에 주둔중이던 10비행군단(Fliegerkorps X: 특수비행대인 이 부대는 1939년 4월에 창설되어 같은 해 12월에 비행사단으로, 그리고 전력이 보강된 1940년 2월에 비행군단으로 승격됨—옮긴이)으로, 지휘관은 공군대장 한스-페르디난트 가이슬러(Hans-Ferdinand

Geissler)였다. 10비행군단은 모든 종류의 비행기를 보유한 독립적인 부대로 대함(對艦)공격이 주특기였다. 이 부대는 성탄절 무렵에서 다음해 1월 8일까지 이탈리아 각 지역으로 이동했다. 당시 가용한 폭격기는 96기였는데 이틀 후 25기의 쌍발엔진 전투기들이 합류했다. 1월 10일부터 시작된 작전은 영국군의 자유로운 해상 수송에 대단히 심각하면서도 즉각적인 영향을 미쳤다.

영국 입장에서 독일공군의 도착은 반갑지 않았으나 전혀 예상하지 못했던 사태는 아니었다. 그럼에도 영국의 호송선단 '엑세스(Excess)'는 1월 11일부터 엄청난 압박에 시달렸고, 특히 귀중한 항공모함 HMS 일러스트리어스(Illustrious)는 심각한 손상을 입고 몰타에 입항하지 않을 수 없었다. 하지만 몰타도 역시 독일공군의 다음 표적이 되어 곧 지속적인 공습을 받기 시작했다. 이와 같은 독일군의 공습은, 트리폴리로 향하는 추축국 해상 보급로를 차단하려는 영국군의 능력까지 심각하게 제한하는 효과도 거두었다. 일러스트리어스 함은 1월 25일 간신히 알렉산드리아로 도피하는 데 성공했지만 다시 작전이 가능하도록 수리를 받으려면 여러 달이 필요했다.

영국 수상 윈스턴 처칠 경은 독일공군의 지중해 도착이 "지중해에서 심각한 상황이 전개되기 시작했다는 신호"라고 선언했다. 로도스 섬에서 재급유를 받은 독일 비행기는 이제 수에즈 운하에 기뢰를 투하할 수 있었다. 이로 인해 수에즈 운하 방어군은 더욱 커다란 짐을 지게 되었고, 증원병력과 군수물자를 적재한 선박이 본토와 수에즈 운하를 왕복하는 데 더 많은 시간을 소비하게 되었다. 그리하여 이 지역의 대공방어는 더욱 강화될 필요가 있었으며 몰타의 전략적 중요성은 그 어느 때보다 커졌다.

거의 같은 시기, 히틀러의 해군 참모들은 시레나이카에서 이탈리아군이 패배함으로써 전략적으로 심각한 문제가 발생했으며, 이집트를 위협하던 존재가 사라짐으로써 영국을 지중해에서 몰아내기가 어렵게 되었다고 총통에게 보고했다. 독일이 전쟁에 승리하는 데 핵심적인 요소라고 히틀

비아 발비아 도로를 따라 독일군이 이동하고 있다. 이 지역에서 유일하게 자갈로 포장을 한 도로이다. 인적이 드문 이 도로를 따라 전투에 필요한 모든 식량과 연료, 탄약, 식수를 비롯해 각종 물자들이 이동했다. 영국의 장거리사막 정찰부대(Long Range Desert Group)의 주된 임무는 적의 후방에서 이런 물자수송 상황을 감시하고 보고하는 것이었다.(TM 1051/A5)

러가 생각했던 부분이었다. 또한 영국이 이집트에서 그리스로 강력한 증원부대를 파견할 수 있게 되었다고 보고했는데, 사실 그런 일은 이미 진행되고 있었다. 독일공군의 비행기들이 영국 호송선단 엑세스를 공격하는 동안, 히틀러는 '총통훈령 22호'를 발령하여 지중해 전지역에 지원을 제공했다. 훈령에서는 "전략적이고 정치적이며 심리적인 이유"에서 반드시 필요한 조치라고 밝혔다. 이에 따라 독일로서는 트리폴리타니아(Tripolitania)를 반드시 확보해야 했고, 암호명이 '존넨불루메(Sonnenblume)' 인 특별저지부대(sperrverband)가 파견되었다.

독일군은 최고사령부 산하 각 부서 간에 많은 논의를 거친 후, 3기갑사단의 일부를 근간으로 삼은 5경무장차량사단(5th Light Motorised Division, 이하 '5경사단'으로 표기—옮긴이)이라는 새로운 부대를 편성했다. 그 지휘를 맡은 이는 요하네스 슈트라이히(Johannes Streich) 소장이었다. 부대의 이동에 필요한 수송업무의 규모와 사막전을 위한 특별요구사항 등에 관해 병참부서와도 오랫동안 논의가 이어졌다.

1941년 2월 5일, 새로운 사단이 편성되고 있을 때 히틀러는 무솔리니에게 자신의 계획을 전달했다. 이탈리아가 트리폴리로 철수하지 않고 시르테(Sirte)를 확보할 수만 있다면, 자신은 5경사단을 1개의 정규 기갑사단으로 보강할 계획이라는 것이었다. 이에 무솔리니도 2월 9일에 시르테 확보에 동의하고, 같은 날 리비아 주둔 이탈리아군 사령관을 교체함과 동시에 2개 사단(1개 기갑사단과 1개 차량사단)의 파병을 결정했다.

2월 6일, 히틀러는 휴가중이던 에르빈 롬멜(Erwin Rommel) 중장을 사령부로 소환하여 새로운 부대의 지휘를 맡겼다. 이 부대의 기본적인 임무는 영국군의 계속되는 전진을 저지하는 것이며, 준비가 충분할 때만 시레나이카를 소탕하도록 되어있었다. 2월 12일, 롬멜은 트리폴리에 도착했다. 2월 19일, 히틀러가 직접 부여했다는 부대의 명칭은 독일아프리카군단(Deutches Afrika Korps, DAK)이었다.

한편 런던의 대영제국국방위원회(Committee of Imperial Defence)는 시레나이카가 안전한 전선에 속한다고 판단, 반드시 필요한 최소 병력만 남겨두고 나머지 병력은 모두 중동군 총사령관인 육군대장 아치볼드 웨이벨(Archibald Wavell) 경의 지휘 아래 이집트에 집결시켜 그리스를 지원하도록 했다. 이로써 리비아 동부 지역으로부터 이탈리아군을 몰아냈던 영국군은 순식간에 골격만 남게 되었다. 한편 2월 14일에 트리폴리에 도착한 롬멜의 아프리카군단 1진은 서둘러 트리폴리 동부의 방어선으로 떠났다.

1드라군 근위연대(1st King's Dragoon Guards: 이하 1KDG)의 조지 클라크(George Clark)는 어느 날 아침 순찰을 돌던 중 이상한 무장을 한 자동차

한 대가 순찰차 옆으로 지나가는 것을 발견했다. 그는 본부에 다음과 같이 보고했다.

"이쪽 편에 네 대의 차량이 있고 건너편에도 네 대의 차량이 더 있는 것으로 판단됨."

이곳의 세력균형이 기울어졌다. 2월 24일, 무장한 차량과 오토바이로 이루어진 소규모의 독일 정찰대가 1KDG 순찰대와 조우한 것이다. 원래 영국군 순찰대는 호주제 대전차포 몇 문의 지원을 받고 있었다. 하지만 독일군을 만날 것이라고는 전혀 예상하지 못했던 영국군 지휘관이 대전차포를 점검하기 위해 포를 포차에서 내렸으며, 하필 이때 독일군과 맞부딪친 것이다. 그 조우전으로 독일군은 영국군 지휘관과 두 명의 병사를 사로잡았고, 2대의 정찰차량과 트럭 1대, 기타 차량 1대를 파괴했다.

롬멜은 이 사건을 매우 좋은 징조로 보았다. 자신의 아내 루시(Lucie)에게 보낸 편지에서 롬멜은, 원한다면 영국군은 언제라도 공격할 수 있었다고 적었다. 그러나 당시에 영국군의 웨이벨 대장은 그리스로 병력을 수송할 준비로 바빴다. 독일군 측 전선에서 영국군이 별다른 활동을 보이지 않자 롬멜은 의구심을 품게 되었다. 3월말 시레나이카로 들어가는 문을 두드릴 준비가 되었을 때, 롬멜은 문짝이 아예 떨어져 나간 상태라는 사실을 발견했다.

| 연표 |

1940년 10월 4일	히틀러와 무솔리니가 브레너패스에서 회동하다.
1941년 1월 10일	독일 10비행군단이 지중해에서 작전을 개시하다.
1월 28일	이탈리아군이 와디데마(Wadi Dema) 라인을 포기하다.
2월 5일	7기갑사단이 베다폼(Beda Fomm)에서 봉쇄선을 형성하다.
2월 6일	롬멜이 아프리카군단 군단장에 임명되다.
2월 7일	이탈리아 10군단이 항복하다.
2월 12일	롬멜이 트리폴리에 도착하다.
2월 19일	독일 아프리카군단이 정식 창설되다.
3월 24일	독일군과 영국군 간의 첫 교전.
3월 31일	독일군이 메르사브레가(Mersa Brega)를 공격하다.
4월 3일	웨이벨이 이집트의 오코너(O' Connor)를 소환하고, 영국군은 퇴각을 시작하다.

1KDG(1드라군 근위연대)는 남아프리카공화국에서 조립된 말몬헤링턴(Marmon-Herrington) 장갑차를 갖추고 있었다. 이 장갑차의 섀시와 엔진은 포드(Ford) 사에서 제작했고 트랜스미션은 말몬헤링턴 사의 제품이며 무장은 영국에서 수입했다. 최대 12밀리미터의 얇은 방탄장갑, 보이스(Boys) 대전차총 1정과 브렌(Bren) 경기관총 1정에 불과한 경무장임에도 꽤 유용한 장갑차였다. 3후사르 근위연대(3rd The King's Own Hussars)는 사진의 배경에 보이는 바와 같이 비커스(Vickers) 사의 구식 경전차를 보유하고 있었다.(TM 2021/B3)

4월 6일	니임(Neame)과 오코너가 포로가 되다. 인도의 3차량여단이 메칠리(Mcchili)에서 진지를 점령하다. 웨이벨은 토브룩을 고수하기로 결정하다.
4월 10일	이집트와 토브룩 사이의 육로가 차단되다.
4월 10일~14일	토브룩 외곽에 대한 롬멜의 1차 공세로 '레드라인(Red Line)'이 와해되었으나 공격은 돈좌되다.
4월 30일~5월 4일	토브룩 외곽에 대한 롬멜의 2차 공세로 209거점(Pt. 209)을 장악하지만 더 이상의 전진에 실패하다.
5월 15일	'브레버티(Brevity)작전' 개시.
6월 9일	연합군이 비시 프랑스 통제 하에 있는 시리아와 레바논을 공격하다.
6월 15일	'배틀액스(Battle Axe) 작전' 개시.
6월 17일	배틀액스 작전 종료.
8월 21일~30일	'트리클(Treacle) 작전'.
9월 17일~27일	'수퍼차지(Supercharge) 작전'.
10월 13일~25일	'컬티베이트(Cultivate) 작전'.

(트리클, 수퍼차지, 컬티베이트 작전으로 토브룩 방어부대가 호주군에서 폴란드와 영국군으로 교체되었다.)

| 양측 지휘관 |

추축군 지휘관 vs 영연방군 지휘관

:: 추축군 지휘관

항후 2년 동안 사막 전역(Desert Campaign)을 지배하게 될 인물은 1891년 11월 15일 하이덴하임(Heidenheim)에서 태어났다. 하이덴하임은 울름(Ulm) 근처에 위치한 뷔르템베르크(Württemberg) 주의 작은 마을이다. 학교 교장의 아들인 에르빈 요하네스 오이겐 롬멜(Erwin Johannes Eugen Rommel)의 출신배경 속에서는, 그가 장차 군인의 길로 들어서서 더구나 가장 위대한 야전 지휘관이 될 만한 요소를 전혀 찾아 볼 수 없다. 어렸을 때 그는 나이에 비해 체구가 작았고, 10대 무렵까지만 해도 말수가 적은 소년이었다. 그가 애초에 관심을 보인 분야는 글라이더와 비행기였으며 공학을 공부하고 싶어했다. 하지만 그의 아버지 생각은 달랐다. 아버지는 그를 1910년에 사관후보생으로 124보병연대(뷔르템베르크 6연대)에 입대시켰다. 이곳에서 롬멜은 처음에 중사 계급장을 달았다가 1912년 1월에 소위로 임관했다.

1934년도 설계도에 따라 MAN(Maschinenfabrik Augsburg-Nurnberg) 사가 설계한 디자인이 2호전차(PzKpfw II)로 채택되었다. 처음 나온 세 개의 변형 모델(A형에서부터 C형까지)은 개량된 엔진과 장갑을 비롯해 별다른 변화를 보이지 않았다. 1,000대 이상의 2호전차가 폴란드 침공 때 사용되었다. 도로상에서 최대 속도는 시속 40킬로미터, 작전반경은 200킬로미터, 장갑은 최소 14.5밀리미터~최대 35밀리미터였다. 탑재 무장은 20밀리미터 KwK30 혹은 KwK38 기관포와 7.92밀리미터 MG34 동축기관총이었다. (TM 1045/D2)

이탈리아군에 맞선 영국군의 순항전차는 적절한 무기임이 증명됐는데, 그것은 단지 그들이 무전기를 갖추고 있어 커다란 전술적 유연성을 발휘할 수 있었기 때문이다. 하지만 리비아 국경에서 촬영된 사진 속의 전차와 같은 A13 전차들은 독일군의 무시무시한 다목적 88밀리미터 대공포에 맞서기도 전에 적 전차와 대전차포의 장거리 사격에 당하기 일쑤였다.(TM 2771/E5)

1914년 제1차 세계대전이 발발하자 그는 타고난 전사의 기질을 발휘했다. 1915년 1월에 1급 철십자훈장을 받았을 때, 그는 불과 몇 달 전에 2급 철십자훈장을 받은 상태였다. 그 후에는 새로 편성된 뷔르템베르크 산악대대로 전출되어 루마니아 전역에서 중대장으로 활약했다. 1916년, 프러시아 지주의 딸 루시 마리아 몰린(Lucie Maria Mollin)과 결혼했다. 롬멜이 전투 중에도 매일 편지를 썼던 '사랑하는 루시' 가 바로 그녀였다.

이듬해인 1917년, 롬멜의 부대는 이탈리아 전선으로 이동했다. 거기서 그는 50시간에 걸친 작전으로 카포레토(Caporetto)의 남서부 지역인 몬테

마타주르(Monte Matajur)를 장악했다. 이 공로로 롬멜은 독일제국 최고 훈장인 뿔리 메르떼(Orden Pour le Merite)를 받음과 동시에 대위로 진급했다. 얼마 후 그는 자신을 비롯해 여섯 명의 병사를 로프로 묶어 얼음같이 차가운 피아베(Piave) 강을 도강하여 로그나로니(Lognaroni)의 이탈리아 수비병들을 생포하는 데 성공했다.

그 뒤에는 휴가를 얻어 고향으로 돌아가 그곳에서 제1차 세계대전의 나머지 기간 동안 참모장교로 복무했다. 그러나 롬멜은 그 보직을 몹시 싫어했다. 참모장교로 있었지만 롬멜은 독일제국군 총참모부에 들어갈 수 있는 자격을 얻지 못했다. 총참모부에 공석이 생길 때마다 롬멜을 비방하던 자들이 재빨리 그 자리를 차지하는 일이 반복적으로 일어났다. 이로써 총참모부와 롬멜 사이의 불신은 점점 더 커졌다.

그럼에도 불구하고 능력을 인정받은 장교로서(뿔리 메르떼는 위관급 장교에게 수여되는 경우가 별로 없었다) 롬멜은 제1차 세계대전 후에도 바이마르 공화국군(Reichswehr)에 남았다. 또한 『보병전술(Infanterie Greift An, 영어로는 Infantry Attacks)』을 출간하여 전술이론가로서도 상당한 명성을 얻었다. 그의 저서 『보병전술』은 제1차 세계대전에 참전한 경험에 기초를 두고, 드레스덴 보병학교에서 교관으로 있을 때 사용하던 강의노트를 다듬은 것이었다. 이 책이 스위스 보병의 군사교범으로 채택되어 롬멜은 스위스 정부로부터 기념사를 새긴 시계를 증정받기도 했다. 뿐만 아니라 이 책 덕분에 롬멜은 히틀러의 주목을 받게 되었다.

1935년에 롬멜은 포츠담 군사대학에서 강의했으며, 독일의 폴란드 침공 때는 총통(히틀러) 경호대대를 지휘했다. 비록 총통 주변에 흐르는 '음모의 분위기'는 견디기 힘들었지만, 롬멜은 자신의 인맥을 활용하여 프랑스 전격전(電擊戰, Blitzkrieg)에서 7기갑사단장이 되었다. 바로 이 기회를 통해 롬멜은 현대적 기계화부대의 전투가 어떤 모습이어야 하는지를 완벽하게 과시했고, 그가 지휘한 부대는 '유령사단'(Ghost Division)이라는 별

롬멜과 아프리카 전구(戰區) 공군사령관 슈테판 프뢸리히(Stefan Fröllich) 소장의 모습. 사막에서 공군력의 중요성은 특히 정찰과 지상 지원 임무에 있어서 너무나 컸다. 따라서 롬멜은 공군의 능력 이상의 지원을 자주 요구하곤 했다. 프뢸리히의 상관들은 몰타를 무력화시켰다는 데 만족해야만 했다. 그들이 몰타를 무력화시키는 데 실패하면 추축군의 보급로는 그에 따른 직접적인 영향을 받았다.(TM 385/G1)

명을 얻게 되었다. 그들은 셰르부르(Cherbourg)를 장악한 후 프랑스 해안선에 도달했고, 이어 스페인 국경을 향해 돌진했다.

히틀러는 전쟁영웅들의 활용가치를 진작부터 알고 있었기 때문에 의도적으로 두 명의 영웅을 창조했다. 그는 자신의 지위에 위협이 되지 않도록 정치적 · 지적 자질은 부족한 인물들을 선택하여 오직 자신의 양날개 역할만 수행하게 했다. 에두아르트 디틀(Eduard Dietl)이 '눈의 영웅(북부전선의 영웅)'이 되어 노르웨이와 핀란드에서 활약하는 동안 독일아프리카군단(DAK)을 지휘할 또 한 명의 지휘관이 필요하게 되었을 때, 히틀러는 1941년 1월 1일에 중장으로 진급한 롬멜을 선택하여 '태양의 영웅(사막의 영웅)' 으로 삼았다.

하지만 이 무렵까지만 해도 영국군은 장차 어떤 일이 벌어지게 될지 전혀 파악하지 못하고 있었다. 롬멜은 이렇게 말했다.

"사막에서 중요한 요소는 단 하나다. 바로 속도다."

롬멜은 모든 일을 서둘러 진행해야만 직성이 풀리는 것 같았다. 심지어 시칠리아를 떠나기 전에도 10비행군단이 벵가지(Benghazi)를 폭격해줄 것을 요구했다. 사실 이는 결코 롬멜의 전공(戰功)이 될 수 없었다. 벵가지에 부동산을 소유하고 있던 이탈리아 측에서 벵가지 폭격을 금지한 상황이었고, 이를 무효화시키려면 일단 히틀러의 허가가 있어야만 했기 때문이었다.

명목상으로 롬멜을 비롯한 독일군은 이탈로 가리볼디(Italo Gariboldi) 대장이 지휘하는 이탈리아군 소속이었다. 그러나 가리볼디는 트리폴리타니아 방어전략과 관련된 롬멜의 공세적 태도에 별로 열의를 보이지 않았다. 결과적으로 롬멜은 '상관' 을 무시하고 작전을 지휘했다. 가리볼디는 롬멜을 만나자마자 아프리카 지형을 잘 모른다는 이유로 그의 공세적 태도를 문제삼기 시작했다. 이에 대해 롬멜은 이렇게 응수했다.

"제가 이 지역을 파악하는 데 그렇게 시간이 많이 걸리지 않을 겁니다. 오늘 오후 당장 공중정찰을 실시하고, 저녁때까지는 최고사령부에 결과를 보고하도록 하겠습니다."

롬멜의 강압적인 지휘방식 때문에 예하 지휘관들의 복무기간은 대체로 짧은 편이었다. 그 중 몇몇은 쫓겨나기도 했는데, 슈트라이히(Streich) 같은 경우가 거기에 해당되었다. 그는 토브룩을 공격하는 문제에 대해 감히 상관의 판단에 이의를 제기했다. 롬멜은 슈트라이히가 떠날 때 이렇게 말했다고 한다.

"귀관은 부하의 복지에 지나치게 신경쓰는 경향이 있네."

그에 대한 슈드라이히의 대답은 다음과 같았다고 한다.

"사단장으로서 그보다 더 좋은 칭찬은 없다고 생각합니다."

롬멜 예하의 많은 지휘관들이 전사하기도 했는데, 처음 15기갑사단의 사단장이었던 프리트비츠(Heinrich von Prittwitz und Graffon) 소장의 경우도 그러했다. 슈트라이히를 대신하여 1차 토브룩 공격의 지휘를 맡았던 프리트비츠 소장은 롬멜에게 하도 들볶인 나머지 차량을 빌려 타고 전선을 향해 돌진하다가 아군 전선을 넘는 바람에 운전병과 함께 전사했다.

:: 영연방군 지휘관

영국은 지중해에서 위험한 상태에 처했다. 처칠이 지속적으로 군사작전에 직접 영향력을 행사했기 때문에 영연방군의 최고사령관들, 특히 웨이벨 장군은 견디기 힘든 압력을 받고 있었다. 그러나 롬멜은 웨이벨을 매우 존경한 나머지 웨이벨이 제2차 세계대전이 발발하기 전에 쓴 저서를 한 권 지니고 다녔다. 롬멜의 평가에 따르면, 웨이벨은 영국 장성들 중에서 유일하게 '천재적 면모'를 보여준 지휘관이었다.

1941년 3월, 사방의 위협에 직면해 있는 웨이벨이 가장 크게 우려했던 것은 그리스에 파병된 원정부대였다. 2월초에 창설된 시레나이카 사령부에는 육군중장 헨리 메이틀랜드 윌슨 경(Sir Henry Maitland Wilson)이 군정장관으로 부임해 있었다. 윌슨의 업무 중 대부분은 '컴퍼스 작전(Operation Compass)'의 주역이자 새롭게 기사작위를 받은 육군중장 리처드 오코너 경(Sir Richard O'Connor)과 함께 이 지역의 일반행정을 관장하는 것이었다. 윌슨이 맡고 있던 이집트 주둔 영국군 최고사령관 지위는 오코너가 인수하도록 되어 있었다. 오코너의 군단사령부는 호주 1군단으로 대체되지만, 이 군단과 윌슨이 함께 그리스 원정부대로 지정되었다. 이에 빅토리아

롬멜은 명목상으로 이탈리아군의 가리볼디(왼쪽) 휘하에 있었지만 전적으로 자신의 판단에 따라 전쟁을 수행했다. 그가 시레나이카로 진격하기 시작하자 로마는 적잖이 놀랐다. 무솔리니는 가리볼디에게 설명을 요구했고, 가리볼디는 롬멜이 자신의 권위를 송두리째 무시했다는 사실을 밝히지 않을 수 없었다. 그리고 가리볼디는 이 충동적인 부하(롬멜)를 말리기 위해 전선으로 출발했다. 당시 롬멜은 가리볼디를 매우 퉁명스럽게 대하면서, 자신이 성공을 했으므로 독단적 행동도 정당화된다고 주장했다.(TM 427/E3)

십자훈장 서훈자인 필립 니임(Philip Neame VC) 중장이 팔레스타인에서 바르체(Barce)로 부임해 시레나이카 사령부의 지휘권을 인수했다.

지휘관으로서 니임의 자질은 미지수였다. 빅토리아 십자훈장은 그에게 전사적 기질이 결코 부족하지 않다는 사실을 암시해주었지만, 그에게는 실제로 자신의 실력을 입증할 기회가 없었다. 게다가 니임과 함께 중요한 인물로 평가되던 오코너가 4월 6일에 독일군에게 포로로 잡히면서 영국군의 상황은 더욱 복잡해졌다. 이들 고위장성들뿐만 아니라 노련한 하급지휘관들도 상당수 다른 전선으로 전출되었고, 결국 서부사막군이 지녔던 전문적 기량은 많이 퇴색하게 되었다.

한편 롬멜은 이탈리아 사령관 휘하에 있었지만 충분히 독자적으로 행동할 재량권을 확보하고 있었다. 더구나 롬멜은 일이 진행되도록 만들고, 최전선에서 상황을 만들어가는 개인적 추진력을 갖추고 있었다. 영국·영연방군 중에 롬멜과 상응하는 능력을 지닌 인물은 호주 9사단 사단장인 레슬리 모스헤드(Leslie Morshead) 소장이었다. 모스헤드는 곧 토브룩 방어군의 사령관이 되었다.

1889년에 태어난 모스헤드는 교직생활을 하다가 1914년에 군에 합류한 인물이었다. 이후 호주 군대를 이끌고 갈리폴리(Gallipoli)와 프랑스에서 혁혁한 전공을 세웠다. 당시 아직 20대에 불과했던 그는, 전과를 보고하는 전문에 여섯 번이나 이름을 올리고 CMG(성 미카엘과 성 조지 훈작사)와 DSO(무공훈장), 레지옹 도뇌르 훈장(프랑스 최고 훈장)을 받았다.

모스헤드는 제1차 세계대전이 끝나고 제2차 세계대전이 시작되기 전까지 호주 시드니에서 생활했는데, 그곳에서 '오리엔트라인(Orient Line)' 이라는 선박회사의 지사장으로 근무하며 호주시민군(Citizen Military Force)에서도 복무를 계속했다. 제2차 세계대전이 발발했을 때 그는 호주시민군의 대대병력을 지휘하고 있었다. 1939년에는 호주 18여단의 여단장으로 임명되었고, 1941년에는 새로 편성된 호주 9사단의 사단장이 되었다.

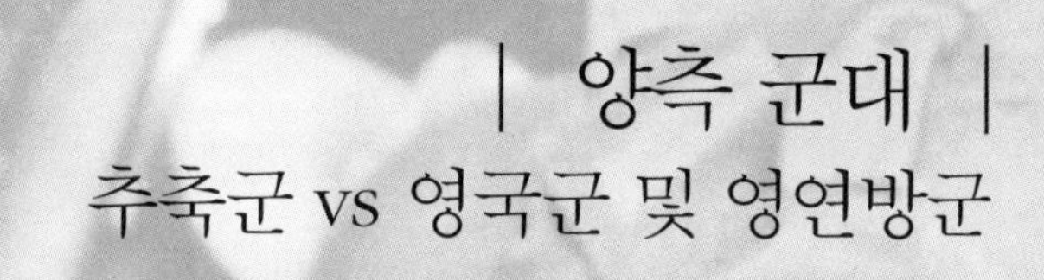

| 양측 군대 |

추축군 vs 영국군 및 영연방군

:: 추축군

이탈리아군은 놀라울 정도로 현대전에 대한 대비가 되어 있지 않았고, 그러한 사실은 이탈리아군의 초기 전투에서도 충분히 확인되었다. 이탈리아군의 현대전에 대한 대비는 여러모로 너무나 부족했기 때문에 새로운 기갑부대와 차량부대가 창설되고서도 별로 개선되지 않았다. 이런 상황에 대해 롬멜은 다음과 같이 말했다.

독일군의 전술교리가 지닌 유연성은 영국군에 대한 우위를 확보하게 해준 또 다른 요인이었다. 그들의 교리에는 병종 간 일정 수준의 협력과 이해가 존재했는데, 당시 영국군에게는 거의 존재하지 않는 덕목이었다. 병종 간의 협력을 통해 독일아프리카군단은 반복적으로 북아프리카의 야전 상황에 맞춰 부대를 재구성했다. 이와는 대조적으로 영국 야전군은 대영제국의 전통적인 복무방식에 익숙해져 있었고, 그런 제국의 전통은 너무나 오랫동안 장점보다는 장애로 작용했다.(IWM HU5596)

"두체(무솔리니)가 전쟁에 나가라며 자기 부하들에게 쥐어준 장비들을 보자면 정말 머리털이 곤두설 수밖에 없다."

그럼에도 불구하고 이탈리아군은 베다폼 전투 이후 1개 정규 기갑사단과 2개 차량사단을 증원부대로 편성하여 트리폴리타니아에 파견했다. 역시 장비나 훈련 면에서 동맹국인 독일군은 물론 적군인 영국군에 비해서도 한참 뒤쳐지는 부대였다. 물론 이탈리아군이 일정 수준을 유지하는 부분이 전혀 없지는 않았다. 이탈리아 포병은 그럭저럭 유능한 병과였다. 또한 이탈리아군은 요새 축성이나 기타 진지전에 탁월한 능력을 발휘함으로써 독일군으로 하여금 그들의 주특기인 기동전에 전념할 수 있도록 해주었다.

그러나 무솔리니의 군대가 지닌 근본적인 결함은 단기간에 쉽게 극복될 수 있는 성질의 것이 아니었다. 더구나 이탈리아 병사들은 자신들이 황량한 사막에서 싸우다 죽어야 한다는 현실에 대해 그 어떤 동기도 느끼지 못했다. 이에 비하여 독일군은 전통적으로 군사적 기질이나 정치적 동기가

강철같은 의지를 지닌 토브룩의 수호자, 레슬리 모스헤드 소장. 부하들은 그에게 '무자비한 밍(Ming the merciless: 당시 유행하던 연극에 등장하는 마왕의 명칭 – 옮긴이)'이라는 별명을 붙여주었다. 그러나 시간이 지날수록 강인한 사령관과 호주병사들 사이에는 유대감이 강화되었고, 자연스럽게 그의 별명도 부드러워져 그냥 '밍'이 되었다. 웨이벨이 토브룩을 고수하겠다고 결정한 덕분에 모스헤드는 롬멜에게 패배를 안겨줄 수 있었고, 그것은 제2차 세계대전에서 독일 지상군이 맛본 첫 번째 실패였다. 롬멜이 기동전에 뛰어났다면 모스헤드는 기질적으로 굳세게 버티는 포위전에 적합한 스타일이었다.(IWM E2839)

강했고, 또한 영국과 영연방 병사들은 비록 고국에서 수천 킬로미터나 먼 곳에 있었음에도 '조국을 지킨다' 는 일말의 사명감을 갖추고 있었다.

명목상 이탈리아군의 지휘를 받게 되어 있었지만, 독일군은 롬멜의 역동성 덕분에 항상 작전의 주도권을 쥘 수 있었다. 독일군이 개발하고 롬멜이 완성한 '전격전' 작전교리는 1941년까지 승리를 멈추지 않았고 2년 내내 성공가도를 달렸다. 하지만 5경사단이 창설되었을 무렵, 독일군에게는 사막전에 대한 실질적인 경험이 전혀 없었다. 이탈리아 측에 자문을 요청할 수밖에 없었지만, 이탈리아군으로부터 사막전에 관한 쓸 만한 조언은 별로 얻지 못했다.

결국 5경사단은 '경험' 이 아닌 '이론' 에 근거하여 장비와 편제를 갖추게 되었다. 예컨대, 독일군의 일부 차량은 트윈타이어를 장착하고 있었다. 하지만 사막에서 트윈타이어는 두 부분이 동시에 부드러운 모래 속에 파묻히면서 순식간에 닳아버리곤 했다. 초기에 투입된 전차들은 제대로 된 공기필터를 장착하지 않은 탓에 대부분의 시간을 엔진의 대대적인 수리에 허비해야 했다(이는 한때 영국 전차들도 겪은 일이었다). 의복과 비상식량도 부적합한 경우가 많았고, 야전용 식수는 오히려 지나치게 많이 보급되어 문제가 되기도 했다. 시간이 흐르면서 이런 실수들은 모두 해결되었지만, 독일군은 한동안 모든 것을 처음부터 배워나가야만 했다.

그러나 독일군의 강점 중 한 가지는, 각종 병과를 통합시켜 운용하는 뛰어난 전술교리와 우수한 장비들을 보유하고 있다는 점이었다. 독일군이 보유한 장갑차들은 고속으로 발사되는 20밀리미터 포를 장착한 '8륜 232 시리즈' 였는데, 이 장비는 당시 영국군이 전투에 배치할 수 있었던 그 어떤 차량보다 우수했다. 물론 독일군과 마찬가지로 영국군도 여러 가지 유형의 전차를 개발했다. 하지만 영국의 전차들이 서로 다른 형태의 전장에서 전투하도록 설계된 데 비해, 독일군 전차들은 같은 전장에서 각각 상이한 무장을 갖추고 서로 다른 임무를 수행하도록 설계되어 있었다.

육군대장 아치볼드 웨이벨 경(오른쪽)과 그 후임으로 중동군 최고사령관에 부임한 육군대장 클라우드 오친렉 경(Sir Claude Auchinleck)의 모습. 지중해함대 사령관인 해군대장 앤드류 커닝엄 경(Sir Andrew Cunning-ham)은 웨이벨에 대해 다음과 같이 묘사했다. "그는 상황이 잘못되고 있을 때도 냉정하고 전혀 동요하지 않았다. 여러 모로 자신을 괴롭히는 런던발 전문 때문에 화를 내는 법도 없었다. 주로 그 전문들은 당시의 고통스러운 상황에 별 도움도 안 되는 성가신 내용이었다." 오친렉 역시 웨이벨의 추종자였는데, 오래지 않아 그 역시 고국으로부터 동일한 압박을 받는 신세가 되었다. (IWM E5454)

독일의 5경사단은 대부분 경전차인 1호전차와 2호전차로 구성되어 있었다. 1호전차는 기관총만 탑재했고 2호전차는 20밀리미터 포를 장비했다. 하지만 전차포를 장착한 3호전차와 4호전차는 영국의 어떤 기갑장비에 대해서도 질적 우위에 있었다. 또한 이런 질적인 격차는 계속 벌어지는 추세였다. 3호전차는 50밀리미터 전차포를 장착했다가 곧 개량된 모델로 교체했다. 4호전차는 75밀리미터 전차포를 장비했는데 이 역시 성능을 계

호주 9사단 사령부의 은폐된 입구의 모습. 이곳에서 모스헤드는 방어작전을 지휘했다. 모스헤드는 이렇게 말했다. "전투와 전역의 승리는 고하위를 막론한 리더십, 규율 및 경험에서는 나오는 지식 즉 무엇을 어떻게 해야 할지를 이는 것, 그리고 커다란 노고를 통해 이루어진다. 더 나아가 무엇보다 중요한 요소는 바로 용기이다. 이 용기를 우리는 '배짱(guts)', 과단성, 임무에 대한 헌신이라 부른다."(AWM 020289)

속 향상시키고 있었다. 3호전차와 4호전차는 2파운드 포로 무장한 영국군 전차의 사정거리 밖에서 그들과 교전할 수 있었다. 결국 영국군 전차들은 먼저 거리를 좁히려고 애쓸 수밖에 없었고, 그 와중에 독일군의 대전차포에 번번이 희생되곤 했다.

독일군이 88밀리미터 대공포를 대(對)전차 용도로 사용한 부분에 대해서는 많은 설명이 필요하다. 이 대공포는 스페인 내전에 사용되었을 때부터 대전차포로서의 잠재력이 발견되었는데, 그 어떤 전차포보다도 사정거리가 길었기 때문이었다. 일반적으로 대공포는 고속의 연속발사 능력과 긴 사정거리, 거의 직선에 가까운 탄도를 유지해야 하며 당연히 파괴력도 커야 했다. 높은 포구속도에서 비롯되는 이러한 대공포의 특성들은 표적을 불문하고 단 한 발의 포탄을 발사하더라도 똑같이 적용되었다. 즉 88밀리미터 대공포는 전차에도 강력한 효과를 발휘했던 것이다. 그러나 애초에 대공무기로 설계되었기 때문에(무거운 십자형 플랫폼과 중앙화력통제장비를 갖추고 있었다) 대포를 설치하기도 힘들 뿐더러 좌우로 선회시키기가 어려웠고, 적절한 대전차 조준장치를 갖추고 있지 않은 점도 문제였다. 그럼에도 이 무기는 대전차 병기로서 주목을 받았고, 프랑스 전투 때부터는 유감없이 실력을 과시했다.

독일군의 전술을 살필 때 사람들이 종종 간과하기 쉬운 사실 중 하나는, 독일군이 수많은 소구경 대전차포들을 매우 효과적이고 과감하게 활용했다는 점이다. 하지만 그런 소구경 대전차포들과는 달리 88밀리미터 대공포의 경우에는 커다란 견인용 차량(보통 반무한궤도 차량)과 10명으로 구성된 포반이 필요했다. 이 문제는 일반적으로 알려진 것보다 독일군에게 더 많은 고민거리들을 안겨주었다.

독일군은 37밀리미터 Pak35/36(대전차포)을 대체하여 50밀리미터 Pak38을 도입하였다. 새로운 대전차포의 생산과 배치는 느리게 이루어졌지만 아프리카 전투가 진행되는 동안 이 포의 숫자는 점차 증가하게 된다. 당연히 88밀리미터 대공포(이하 '대전차포')는 보조적인 역할을 강요당할 수밖에 없는 상황이었다. 대신에 88밀리미터 대전차포는 사정거리가 긴 무기에 유리한 시레나이카의 전술적 상황 덕분에 자신만의 자리를 찾게 되었다. 이 대전차포는 멀리 떨어진 곳에서 영국군 전차를 쉽게 처리할 수 있었는데, 영국군이 보유한 2파운드 포는 탄약까지 부족한 탓에 이에 효과적으로 대응할 수 없었다.

너무도 오랫동안 영국군 기갑부대의 편제는 오직 전차연대만으로 구성되어 있었다. 그들은 보병과 포병, 공병 등으로부터 적절한 지원을 받을 수 없었던 것이다. 영국 기갑부대는 계속해서 기병대식 돌격전술을 사용했는데, 이미 오래 전에 그런 전술로는 아무런 효과를 기대할 수 없다는 사실이 증명되었다. 결국 하나의 전설이 창조되어 눈덩이처럼 부풀려졌다. 독일군에 의해 파괴된 영국군 전차들은 모두 독일군 88밀리미터 대전차포에 희생되었다는 것이다.

:: 영국군과 영연방군

독일군과는 달리 영국군에서는 병종 간의 협조가 체질적이거나 습관적인 수준에 도달하지 못했다. 영국의 많은 기병연대들이 말과 기병병과에 부여된 사회적 긍지를 포기하게 된 것도 최근의 일이었다. 사실 그런 종류의 우월감은 전통과 결합하면서 새로운 개념이 들어설 여지를 아예 없애버렸다. 연대 중심의 체계는 많은 이점을 지니고 있기도 했지만 유연성을 저해하는 경향이 있었다. 게다가 점점 더 많은 민간인들이 징집되어 사병집단을 구성하게 되었는데, 이들 중 다수는 직업군인들에 대한 심한 편견을 갖고 있었다. 사실 이 무렵 영국 직업군인들의 능력에 대한 평판은 제1차 세계대전으로 인해 많이 퇴색된 상태였다. 특히 이러한 문제점은, 영국군 내부에서 개인주의가 확산되는 원인을 제공했으며 추진력과 정열을 가진 인재들이 군을 멀리하고 간부진과 상부의 방침을 무시하는 풍조의 확산을 야기했다.

하지만 일단 토브룩이 포위를 당하게 되면서부터 이러한 단점들은 호

독일군 1호전차가 엘아게일라 외곽에 버려진 영국 수송차량 옆을 지나고 있다. 이 차량이 여분의 부품 등 쓸모있는 물건들을 싣고 있었다면, 그것이 무엇이든 이미 없어진 상태임이 분명하다. 사막의 전투는 고물상들에게 천국과 같은 환경을 제공했다. 적아(敵我)에 관계없이 사막에 버려진 물자는 먼저 손을 대는 사람이 임자였다. 곧 양군은 서로 상대방의 장비를 사용하고 상대방의 차량을 타고 다니게 되었다.(IWM MH5549)

사진의 88밀리미터 대공포는 튼튼하고 신뢰성이 높은 장비로 장기간에 걸쳐 개발되었다. 1920년대에 독일 크루프(Krupp) 사는 몇 명의 설계요원을 스웨덴의 보포스(Bofors) 사에 파견하여 연구에 종사하게 함으로써 연합군 무장해제위원회의 제재를 피했다. 이 독일인 설계요원들은 1932년에 88밀리미터 포의 설계도를 가지고 에센(Essen)으로 복귀했다. 'Flak(Flugabwehr-Kanone: 대공포의 약자 – 옮긴이)18' 이라는 이름으로 1933년 독일군에 도입된 이 무기는 콘돌군단(Condor Legion)과 함께 1938년 스페인 내전에 참전했다. 스페인에서 충분한 성능검증을 충분히 거친 후 몇 가지가 더 수정되어 'Flak36' 모델이 탄생했다. 제2차 세계대전 발발 직전과 직후에는 성능을 더욱 개선하여 37형과 41형도 등장하게 된다.(TM 500/A3)

주군 및 영국군 사병들의 엄청난 장점들에 의해 상쇄되었다. 호주군의 전의는 소규모 교전에서 더욱 빛났는데, 이런 식의 소규모 전투야말로 포위공격의 특징이었다. 또한 영국의 해군장병들이 보여준 무용은(그들은 요새 방어병력을 먹여살렸을 뿐만 아니라 나중에는 새로운 병력으로 교체해주기까지 했다) 대공포부대처럼 겉으로는 공로가 드러나지 않지만 확고부동한 모습을 보여준 다른 병종들과 함께 독일공군의 거의 모든 공격을 막아내는 데 일조했다.

대공방어를 위하여 영국의 포병대는 우수한 스웨덴제 40밀리미터 보포스 경대공포와 노획한 이탈리아제 20밀리미터 브레다(Breda)를 사용했다. 그들은 또한 독일의 88밀리미터 포에 상응하는 3.7인치 대공포도 보유하고 있었다. 영국이 이 우수한 대공무기들을 두고도 독일의 88밀리미

북아프리카 전투 중 처음으로 포로가 된 일부 독일군의 모습. 포로의 긴장된 모습이 완연하다. 이들이 갖춘 장비를 보면 당시 독일군에게 사막에 대한 경험이 전혀 없었음을 알 수 있다. 열대지역 훈련소와 일부 특수지역에 팽배했넌 소분과는 달리, 독일군은 사막전에 대비한 훈련을 전혀 받지 않았다.(IWM E2483)

터 대전차포처럼 활용하지 못했다는 점에 대해서는 많은 비판이 제기되었지만, 사실 양쪽을 단순히 흑백논리로만 비교할 수는 없다.

영국이 3.7인치 대공포를 대전차용으로 배치하는 데 주저했던 가장 큰 이유는 아마도 사용가능한 대공포의 숫자에 있었을 것이다. 독일의 88밀리미터 대공포 개발과정과는 달리 영국군의 경우에는 1차대전 이후 재무장 자체가 한 발 늦게 시작되었다. 그 후로도 이 무기에 대한 수요는 컸지만 공급능력은 너무나 제한적이었다. 1938년 뮌헨협정이 체결될 당시에는 352문의 3.7인치 대공포 생산이 인가되었지만, 그 중에서 겨우 44문만이 실제로 생산되었다. 제2차 세계대전이 발발하던 순간에 영국의 방공포부대는 1914년형 3인치 대공포 298문만을 보유하고 있었다. 그것

벵가지 공습에 집중하던 독일 폭격기들이 롬멜의 요구에 따라 토브룩으로 전진하는 독일아프리카군단을 엄호했다는 사실은, 몰타에 대한 독일공군의 압박이 완화된다는 의미였다. 커닝엄은 이런 상황변화에 신속하게 대응했다. 4월초, 그는 신형의 고속구축함 소함대를 발레타(Valetta)로 파견했다. 4월 15일과 16일에 그들은 발레타에서 이탈리아 상선 5척과 호위함을 침몰시켰다. 구축함 소함대의 활동은 HMS 업홀더(Upholder)를 비롯한 잠수함들의 눈부신 지원을 받았다. 5월 25일에 업홀더 함은 거대한 이탈리아 상선 콘테로소(Conte Rosso)를 침몰시켰고, 그 공로로 잠수함 함장 말콤 완클린(Malcom Wanklyn, 사진 왼쪽에서 두 번째. 부하 장교들과 함께 찍은 사진) 중령은 빅토리아 십자훈장을 받았다.

들을 가지고 현대적인 항공기에 대처하기엔 상당한 무리가 따를 수밖에 없었다.

3.7인치 대공포는 두 가지 형태로 보급되었다. 본토의 대공방어를 위한 '고정식'과 야전군을 위한 '이동식'이었다. 당시에는 폭격기의 파괴력에 대한 공포감이 극에 달해 있었다. 바르샤바와 로테르담에 대한 독일공군의 공습이 과장되어 보도되면서 그 공포감은 더욱 커졌다. 대영제국국방위원회는, 런던이 최초로 공습을 받으면 두 달 안에 6만 명이 죽고 60만 명이 부상을 당할 것이라고 예측했다. 게다가 영국원정군이 귀중한 대공무기를 포함하여 모든 중장비를 버리고 됭케르크(Dunkerque)에서 철수하

무전차량('브레드밴Bread van' 즉, '빵차'라고 불리기도 했다)의 사진이다. 이 차량이 없으면 기동전의 수행이 불가능했다. 영연방군대가 토브룩으로 밀려났을 때, 2기갑사단의 통신대는 통신병 4명으로 줄어버렸다. 토브룩 요새 안에서 부대 재편성에 들어간 3기갑여단에게 통신업무를 제공한 것이 바로 그들이었다. 당시 그들이 수행했던 임무는 통상적으로 1개 통신대대가 수행해야 하는 업무였다.(IWM E2729)

자, 나머지 모든 역량은 별 수 없이 영국 본토를 방어하는 데 집중시킬 수밖에 없었다.

겨우 500문의 3.7인치 대공포로 대영제국 전체를 방어할 수는 없는 상황에서 본토의 대공방어에 최우선 순위가 부여되었다. 결국 야전군의 대공포 수요는 뒷전으로 밀려날 수밖에 없었다. 공군과 해군 기지를 포함한 후방 기지들도 한결같이 대공장비를 요구했다. 육군은 필요한 대공포를 보유하지 못했으며, 막상 대공포를 보유하게 되었을 즈음에는 이미 전세가 대공포를 별로 필요로 하지 않는 상황으로 바뀌어 있었다.

영국 육군은 기계화전(armored warfare)의 성격을 제대로 이해하지 못하고 있는 듯했다. 전차 손실은 대부분 대전차 무기에 의한 것이지 상대방 전차 때문이 아니라는 사실을 깨닫는 데만도 한참이 걸렸던 것이다. 영국군 진영에서는 대전차포가 부족해질 때마다 25파운드 포들이 억지로 그

공백을 메우기 위해 분투했다.

영국의 3.7인치 대공포가 전장에서 제대로 효력을 발휘하고 그 이상의 성과를 확실하게 거두기 위해서는 충분한 숫자가 보급돼야 했고, 그러기 위해서는 대대적인 재훈련 프로그램도 필요했을 것이다. 독일군의 표준 훈련과정은 일반적으로 영국의 시민병사들에게 적용되는 것보다 더 강도가 높았고, 훈련 내용 또한 전쟁의 본질에 대한 보다 현실적인 이해를 바탕으로 했다. 독일군이 이미 획득하고 있었을뿐더러 폴란드 및 프랑스 전투의 경험으로 더욱 강화된 전술적 통찰력을 영국군이 획득하게 되기까지는 많은 시간이 필요했다.

기술적으로 고려할 사항도 있었다. 독일제 88밀리미터 대공포와 영국의 3.7인치 대공포는 모두 사전에 준비된 고정진지에서 사용한다는 단일 목적에 맞추어 설계되었다. 3.7인치 대공포는 특히 사격통제장치를 갖추고 있었다는 점에서 '첨단장비'에 속했는데, 그 사격통제장치는 고사포조준산정기(高射照算定機: predictor, 일종의 컴퓨터)로부터 정보를 입력받도록 되어 있었다. 하지만 일부 모델에서는 포수가 목표물의 반대편을 보도록 설계되어 있었고, 그와 같은 설계로는 자연히 대공방어 능력이 떨어질 수밖에 없었다. 또한 이 무기는 적절한 고배율조준경도 갖고 있지 않았다. 포신의 하향각도도 제한적이었으며, 독일군의 88밀리미터 대공포처럼 견인차로부터 연결을 푸는 순간 곧바로 포를 발사할 수 있는 방식도 아니었다. 일단 포의 다리를 벌리고 뒷바퀴 두 개를 제거해야만 했기 때문이다. 그러기 위해서는 상당히 넓은 면적의 평평한 지면을 요구했다.

물론 이러한 단점들이 치명적인 것은 아니었다. 실제로 이러한 문제점들을 제외하면 거의 모든 부분에서 독일제 라이벌에 비해 더 우수한 성능을 보였다. 비록 포의 중량은 88밀리미터 대공포에 비해 두 배 가까이 더 무거웠지만, 약간 느린 포구속도로나마 훨씬 더 무거운 포탄을 발사할 수 있었기 때문이다(철갑탄은 대공용 포탄보다 훨씬 가벼웠고, 따라서 포구속도는 훨씬 더 빨랐다). 하지만 국방위원회의 각 군 최고지휘관들은, 대공포의 임무는 비행기를 격추시키는 데 있다고 못박았다. 그들은, 3.7인치 대공포가 적 전차를 파괴하는 것보다 육군의 손실을 보충할 전차들이 안전하게 수송될 수 있도록 해군기지나 항만시설을 보호하는 것이 더 중요하다고 생각했다. 영국공군 역시 자신들의 핵심시설인 비행장과 비행기지의 보호수단을 요구했다. 결국은 모종의 결단이 필요했고 필연적으로 우선선위가 정해져야만 했던 것이다. 다만 독일은 영국과 다른 결론에 도달했을 뿐이다.

1941년 3월, 3.7인치 대공포의 공급부족에 더하여 5만8,000명의 병력과 장비 일체를 그리스로 보낸 상황에서 영국군에게는 시레나이카 방어에 필요한 모든 자원들이 절망적일 정도로 부족했다. 심지어 군단 규모에 걸맞는 사령부도 없는 탓에, 니임의 시레나이카 사령부가 모든 군사문제를 전적으로 처리하고 주둔부대(2기갑사단과 호주 9사단)를 통제하는 업무까지 직접 관할했다. 하지만 니임의 사령부에도 참모는 물론 장거리 기동전을 지휘할 통신시설이 부족했다.

군단 규모에 적합한 사령부가 없다는 점 말고도, 시레나이카 사령부의 군사통신은 평화시에 이탈리아가 가설해놓은 지상 전화선에 전적으로 의존하고 있었다. 이 통신선을 유지보수하기 위해 이탈리아 포로를 동원하거나 별도로 아랍인을 고용하여 회선 보수원으로 써야 할 정도였다. 배치된 무전기는 출력이 너무 약해 별로 쓸모가 없었기 때문이다.

니임의 지휘 하에 시레나이카에 남아 있던 부대들은 병력이 부족하고 무장도 변변히 갖추지 못한 상태였다. 낡은 롤스로이스 장갑차와 모리스(Morris) 장갑차가 마침내 철수하고 남아프리카공화국에서 생산된 말몬헤링턴 장갑차가 투입되었지만, 비커스 경전차와 마찬가지로 기관총만으로 무장한 이 장갑차들도 독일군 장갑차에게는 도저히 어찌해볼 도리가 없을 정도로 성능이 뒤졌다.

영국의 순항전차들 역시 독일의 3호전차나 4호전차의 상대가 되지 않왔고, 2기갑사단의 전력은 사실상 허약한 1개 기갑여단 수준에 불과했다. 영국의 2기갑사단은 비커스 경전차연대와 노획한 이탈리아제 M13 전차연대, 그리고 순항전차연대로 구성되어 있었다. 순항전차연대는 겨우 3월 말에 엘아뎀(El Adem)으로부터 합류했는데 그나마 이동 중에 기계고장을 일으켜 다수의 차량을 잃은 상태였다. 전차지원부대는 산산이 분해되어 그리스에 파견된 기갑여단들을 보강하는 데 투입되었고, 1개 차량화보병대대와 1개 야포연대, 1개 대전차포중대, 1개 기관총중대만 남아 있는 상황이었다. 정비지원부대 역시 인력은 물론 차량과 부품이 부족했기 때문에, 만약 격렬한 전투라도 치르게 된다면 부대 전체가 녹아없어질 판이었다.

호주 9사단의 경우, 2개 여단이 그리스로 파병되었기 때문에 이를 대신하기 위해 호주 7사단 소속 여단이 새로 배속되었다. 하지만 이들은 장비가 훨씬 빈약했다. 여단본부의 참모들은 능력이 부족한 데다 부분적인 훈련만 마친 상태였고, 정찰연대는 아예 포함되어 있지도 않았다. 사단 전체를 보더라도 브렌 경기관총을 비롯, 대전차포와 통신장비가 부족했으며 사단 포병대는 아직도 팔레스타인에 남아 있었다. 8개 대대(정규편제로는 1개 대대에 미달하는 규모) 중에서 단 5개 대대만이 제1선 수송수단(자체)을 갖추고 있었으며 제2선 수송수단(지원)이나마 확보하고 있는 부대도 1개 여단에 불과했다. 3월 29일에 증원부대로 도착한 인도 차량여단(Indian Motor Brigade)은 트럭을 타고 다니는 기병연대로 구성되어 있었는데, 그들은 전투시에 보병처럼 싸우는 병사들이었다. 장갑차량과 대전차무기도 없었고, 무전기는 정상편제의 절반만 소지한 채였다.

그나마 육로수송의 어려움은 벵가지(Benghazi)에 기지를 건설함으로써 해소될 것처럼 보였다. 그러나 2월 4일에 독일 10비행군단은 토브룩(Tobruk) 항구에 기뢰를 투하하기 시작했고, 대공포가 너무나 부족했던 영국군 지상부대는 항만지역을 제대로 방어할 수 없었다. 2월 23일, 모니터함 HMS 테러(Terror)가 벵가지에 입항하는 도중 공습으로 침몰했다. 이로써 벵가지는 별로 쓸모가 없다는 사실이 분명해졌다.

수송수단의 불안은 영국군에 심각한 전술적 문제를 야기했다. 바르체에 보급창을 세우고 엘마그룬(El Magrun)에 야전보급창을 설치한 뒤 병력을 이동시키려 했지만 마땅한 수송수단이 없었다. 심지어 이탈리아군으로부터 노획한 엄청난 양의 물자를 이동시킬 수송수난도 없었다. 엘아게일라 서쪽에 위치한 가장 이상적인 방어진지들도 충분한 지원을 받지 못한 탓에 전방에 배치된 호주군은 완전히 철수해야만 했다. 2기갑사단이 몇 군데 집결지에 발이 묶이게 된 것도 수송수단의 부족 때문이었다. 이로써 마지막 남은 기동력마저 무기력해지고 말았다.

영국공군의 경우도 그 영향을 받았다. 202비행연대는 결국 2개 허리케인(Hurricane) 비행중대와 1개 블렌하임(Blenheim) 폭격기중대 및 1개 라이샌더(Lysander)편대로만 구성되었다. 한편 영국해군은 모든 전력을 그리스에 집중시킨 상태였다.

:: 양측 전투서열

추축군

육군대장 이탈로 가리볼디

독일 아프리카 군단

육군중장 에르빈 롬멜

(참고: 독일군의 부대 구성은 1940년 여름 기간 내내 서서히 축적되었다. 각 병력은 리비아에 도착한 순서대로 속속 전선에 투입되었다. 5경사단이 가장 먼저 리비아에 도착한 부대이다.)

군단 직할

475통신대대

56통신대대(무선통신감청) 3중대

576군단 지도보관소: 8, 12군사지리정보대

572보급대대

580급수(給水)대대

115포병연대(210밀리미터 곡사포) 2대대

408포병대대(105밀리미터 곡사포)

900공병대대

300오아시스대대

이탈리아 보병 241연대 3대대(이하 III/241대대)*, 255연대 3대대(III/255대대), 258연대 3대대(III/258대대)*, 268연대 3대대(III/268대대)*, 347연대 3대대(III/347대대)

523, 528, 529, 533 해안포대대(155밀리미터 진지고정 곡사포)

612 진지고정 대공포대대(20밀리미터 대공포)

598, 599 야전보충대대

* 이들은 아프리카특수임무사단(Division zb V Africa)으로 통합됨.

5경사단

육군소장 요하네스 슈트라이히

(1941년 7월 23일 이후에는 육군소장 요한 폰 라벤슈타인Johann von Ravenstein)

'리비아' 통신대대 유선통신중대

532, 533**, 39연대(차량화) 3보급대대 및 단대호(單隊號) 미부여 1개 대대

797, 801, 822(차량화)급수종대 및 단대호 미부여 1개 종대

800, 804(차량화)정수(淨水)부대

641** 및 645** (차량화)중(重)급수종대

13** 및 210** 타이어관리부, 122 및 129차량정비창
83의무대대 1개 중대, 572기지병원 4개 중대 : 631 및 633야전구급차소대
531제빵중대
309야전헌병대
737야전우체국
5전차연대(2개 대대)

초기 전차 전력: 1호전차 25대, 2호전차 45대, 3호전차 61대, 4전차 17대, 지휘전차 (Kleiner Panzerbefehlswagen) 7대

200보병연대(2기관총대대*** 및 8기관총대대)
3정찰대대
39대(對)전차대대, 33대전차대대***(37밀리미터와 50밀리미터 대전차포)
605대전차대대(1호구축전차Panzerjager I)**
606자주대공포대대(20밀리미터 자주대공포)
75포병연대 1대대(105밀리미터 곡사포)
33(공군)대공포연대 1대대(88밀리미터 및 20밀리미터 대공포)**
200공병대대, 39공병대대에서 차출한 1개 중대***
** 군단 예하로 배속 변경, *** 15기갑사단으로 배속 변경

15기갑사단

하인리히 폰 프리트비츠 운트 그라폰 소장

(1941년 4월 15일부터는 육군소장 카를 프라이헤어 폰 에제베크Karl Freiherr von Esebeck, 1941년 7월 25일부터는 육군소장 발터 노이만-질코브Walther Neumann-Silkow)

33통신대대, 33지도보관소
33보급대대
8전차연대(2개 대대)

초기 전차 전력: 2호전차 45대, 3호전차 71대, 4호전차 20대, 지휘전차 10대

15보병여단
15모터사이클대대
104, 115 보병연대(각각 2개 대대)
33정찰대대
33포병연대(2개 105밀리미터 곡사포대대 및 1개 150밀리미터 곡사포대대)
33공병대대
33야전병원, 33구급차중대
33제빵중대, 33정육(精肉)중대
33헌병대, 33야전군사우체국
33야전보충대대

8월 이후

1. 200보병연대가 15기갑사단의 15모터사이클대대와 2기관총대대를 지휘했다.
2. 5경사단의 포병은 155포병연대로 확대되었다.
3. 605대전차대대는 마르더 1형(Marder I) 구축전차를 장비한 추가 대전차중대를 받았다.
4. 아래의 부대들이 새로 도착했다.
   18대전차대대의 1개 중대(88밀리미터 및 20밀리미터 대전차포)가 도착했고, 이 중대는 33연대 1대대와 함께 135(공군)대공포연대의 지휘를 받았다. 617자주대공포대대(20밀리미터 자주대공포), 288특무부대(Sonderverband, 3개 보병중대, 3개 기관총중대, 3개 대전차중대, 3개 대공포중대, 3개 공병중대), 303 및 304해안포대(155밀리미터 진지고정 곡사포).
5. 롬멜은 1941년 대장(General der Panzertruppen)으로 진급했고, 그의 사령부는 1941년 8월 15일 이탈리아 21군단을 포함하여 아프리카 기갑집단군으로 확대되었다. 다음에 기술된 부대들은 DAK(독일아프리카군단)에서 새로 창설되거나 추가된 부대로 루드비히 크뤼벨(Ludwig Crüwell) 중장이 군단장으로 새로 부임했다.

아프리카 특수임무사단(Division zb V Africa)

155(차량화)보병연대(위의 부대들 중 *표시된 대대로 편성)
361(차량화)아프리카경연대(2개 대대)
255연대 2대대, 347연대 3대대(비차량화) (배속)
361포병대대(105밀리미터 곡사포)
이탈리아 2첼레레(Celere) 포병연대(차량화)

104포병사령부

육군소장 카를 뵈트허(Karl Böttcher)
참모부, 221포병연대
528포병대대
115연대 2대대(II/115대대)
364포병대대
902중포대대(170밀리미터 대포)

55사보나(Savona) 사단

육군준장 페델레 데 지오르기스(Fedele De Giorgis)
15, 16(사보나여단)보병연대
12실라(Sila) 포병연대
55혼성공병대대
155기관총대대(배속)
제노아(Genoa) 기병연대 4대대(배속)

21군단

육군중장 에네아 나바리니(Enea Navarrini)

군단직할

5군직할 포병단(4개 대대, 149밀리미터 대포 35문)

16군단직할 포병연대(105밀리미터 대포 28문 보유 3개 대대)

24군단직할 포병연대(105밀리미터 대포 28문 보유 1개 대대, 100밀리미터 곡사포 17문 보유 1개 대대)

3(차량화)프린시페 아메데오 두카 다오스타(Principe Amedeo Duca d'Aosta)포병연대(100밀리미터 대포 17문 보유 1개 대대, 75밀리미터 대포 27문 보유 2개 대대)

340공병대대

304국경수비대(Ragruppomento Guardia alla Frontiera)

17파비아(Pavia) 사단

육군준장 안토니오 프란세스치니(Atonio Franceschini)

27, 28(파비아여단) 보병연대

26루비콘(Rubicone) 포병연대(75밀리미터 대포 27문 보유 3개 대대)

77, 423대공포중대(20밀리미터 대공포)

17혼성공병대대

207차량수송대

21의무대(66 및 84/94 야전병원)

679헌병대, 54군사우체국

5경전차대대(배속)

란시에리 아오스타(Lancieri Aosta) 연대 6대대(배속)

25볼로냐(Bologna) 사단

육군소장 알레산드로 글로리아(Alessandro Gloria) 사단장

39, 40(볼로냐여단)보병연대

205포병연대(100밀리미터 곡사포 17문 보유 2개 대대, 75밀리미터 대포 27문 보유 2개 대대)

4, 437대공포중대(20밀리미터 대공포)

135차량정비대

의무대(96, 528야전병원, 66수술전담반, 308야전병원)

73헌병대, 58군사우체국

27브레시아(Brescia) 사단

육군소장 보르톨로 잠본(Bortolo Zambon)

19, 20(브레시아여단)보병연대
55포병연대(100밀리미터 곡사포 17문 보유 1개 대대, 88밀리미터 대포 56문 보유 1개 대대, 75밀리미터 대포 27문 보유 2개 대대)
27혼성공병대대
328차량정비대
401, 404대공포중대(20밀리미터 대공포)
34의무대(35수술전담반, 950야전병원)
127카라비니에리(carabinieri, 헌병군), 96군사우체국

102트렌토(Trento) 차량사단
육군소장 루이기 니에벨로니(Luigi Nieveloni) 사단장
61, 62(시칠리아여단)보병연대
46트렌토 포병연대(100밀리미터 곡사포 17문 보유 2개 대대, 75밀리미터 대포 27문 보유 2개 대대)
7베르사글레리(Bersagleri) 연대(8, 10, 11, 70대대)
51혼성공병대대(161전투공병중대, 96통신중대)
551대전차대대
51의무대(57, 897야전병원)
412, 414 대공포중대(20밀리미터 대공포)
160/180카라비니에리, 109군사우체국

20군단
육군중장 가스톤 감바라(Gastone Gambara)

군단직할
1개 포병대대(105밀리미터 대포 28문 보유, 24군 포병단에서 배속)

101트리에스테(Trieste) 차량사단
육군소장 알레산드로 피아조니(Alessandro Piazzoni)
65, 66(발텔리나Valtellina 여단)보병연대(차량화)
9베르사글리에리 연대(8, 11대대)
32혼성공병대대(28전투공병중대 및 101통신중대)
21포(Po) 포병연대(차량화, 100밀리미터 곡사포 17문 보유 2개 대대, 75밀리미터 대포 27문 보유 1개 대대)
101대전차대대
175수송대, 80차량중(重)정비대

1940년 5월 21일 아라스(Arras, 프랑스 지역명 – 옮긴이)에서 롬멜군단은 영국의 마틸다전차의 반격을 받아 심각한 손실을 입었다. 롬멜은 88밀리미터 대전차포를 포함한 사단 포병대를 직접 지휘하며 영국군의 공격을 저지했다. 사진 속의 대포는 독일군 표준 대전차 병기였던 37밀리미터 Pak 35/36 대전차포로서 영국군의 마틸다전차와 중장갑 괴물들을 상대하기에는 역부족이었다. 그러나 1941년에도 독일군은 여전히 이런 소구경 대전차포를 장비하고 있었다.(TM 2647/E3)

65, 214, 242야전병원, 16수술전담반
22카라비니에리, 56군사우체국

132아리에테(Ariete) 기갑사단
육군소장 마리오 발로타(Mario Balotta)
32전차연대(M13전차)
132전차연대(M13전차)
8베르사글리에리 연대(3, 5, 12차량화보병대대, 3대전차대대)
132(차량화)포병연대(75밀리미터 대포 27문 보유 2개 대대)
1개 포병대대(파비아 사단으로부터 배속) (75밀리미터 27문)
1개 포병대대(24군단직할 포병연대로부터 배속) (105밀리미터 28문)
31중(重)대공포대대(88L56대공포와 90L53대공포)
161자주포대대(75L18자주포)
132혼성공병대대(132전투공병중대, 232통신중대)
672카라비니에리, 132군사우체국

군단기동정찰대(RECAM: Ragruppamento Esplorante di Corpo d'Armata di Manovra)
52중(中)전차대대
32경전차대대 3중대
경전차 및 장갑차실험대대
기관총중대

지오반니 파시스티(Giovanni Fascisti) 보병사단 예하 2개 보병대대
경찰 1개 대대(1개 장갑차중대, 2개 모터사이클중대)
'항공' 포병대(각각 65밀리미터 대포 17문을 보유한 1대대와 3대대, 1개 독립 포대, 100밀리미터 대포 17문 보유 1개 포대, 20밀리미터 대공포 1개 포대)

영국군 및 영연방군

육군대장 아치볼드 웨이벨 경

시레나이카 사령부

(1941년 4월 31일 현재 'HQ Cycom'으로 표기)
육군중장 필립 니임 VC
(참고: *표시된 부대 역시 토브룩 전투에 전부 또는 일부가 참여한 부대임)

1자유프랑스 차량대대(2개 중대)
장거리사막정찰대(LRDG: Long Range Desert Group) A대대
왕립 노섬벌랜드 퓨질리어(Royal Northumberland Fusiliers) 1대대(기관총) (1개 중대 미달)*
왕립포병대 51(웨스트모어랜드 앤 컴벌랜드Westmoreland and Cumberland 기마의용병)야포연대(18파운드 포와 4.5인치 곡사포)*
왕립포병대 37경대공포연대(40밀리미터 보포스 대공포)
왕립공병대 295, 552야전중대

아프리카 전역이 진행되는 동안 증원된 부대
11후사르(알버트 공의) 연대
왕립보병대(King's Royal Rifle Corps) 1대대

인도 3차량여단
육군준장 E. W. D. 본(Vaughn)
인도 3차량여단 본부대 및 왕립인도통신대 통신대대
2왕립창기병연대(Royal Lancers, 혹은 가드너의 기병대)
알버트 빅터 공(Prince Albert Victor)의 연대(11국경수비대)
18기병대 에드워드 7세의 연대*
왕립기마포병대(Royal Horse Artillery) 3연대* (J포대는 다른 곳에 배속됨) (37밀리미터 보포스 대전차포)
전투공병대(Sappers and Miners) 35야전공병대대
왕립인도육군근무지원대 3차량여단 근무지원중대

왕립인도육군의무대 30야전병원
인도육군병기대 13, 27기동수리창 중대

2기갑사단
육군소장 M. D. 감비어-패리

사단직할
1드라군 근위연대* (말몬헤링턴 장갑 차량)
왕립통신대 2기갑사단 통신대
왕립헌병대 2기갑사단 헌병중대

사단 근무지원단
왕립육군근무지원단 14*, 15*, 346* 근무지원중대

3기갑여단
육군준장 R. G. W. 리밍턴(Rimington)
3후사르 근위연대(경전차)*
왕립전차연대 5대대(순항전차)
왕립전차연대 6대대(M13 전차)

전투지원단
육군준장 H. B. 라담(Latham)
타워햄릿 보병연대(Tower Hamlets Rifles) 1대대
국경수비대 1차량대대 1중대
왕립 노섬벌랜드 퓨질리어(Royal Northumberland Fusiliers) 연대 1대대 C중대(기관총)*
왕립기마포병대 1연대(25파운드 대포/곡사포)*
왕립기마포병대 104(에섹스 기마의용병)연대(25파운드 대포)*
왕립기마포병대 J포대(2파운드 대전차포)

호주 9사단*
육군소장 L. J. 모스헤드

사단직할
왕립호주포병대 2/12야포연대(25파운드 야포), 2/3대전차포연대(2파운드 대전차포), 2/3경대공포연대(브레다 대공포)
왕립호주공병대 2/3, 2/7, 2/13야전공병중대(Field Company), 2/4야전물자저장소중대

(Field Park Company)
2/1전투공병대대
호주육군근무지원단 9사단보급중대, 탄약중대, 연료중대, 7사단보급중대, 혼성중대
왕립호주통신대 9사단 통신대
왕립호주병기대 2/4육군병기창
왕립호주육군의무대 2/4종합병원, 2/2전방진료소, 2/3, 2/8, 2/11야전응급구호소, 2/4야전위생반
왕립호주헌병대 9사단 헌병중대

호주 20여단
육군준장 J. J. 머레이(Murray)
20여단 본부대, 왕립호주통신대 통신중대
20대전차중대, 2/13, 2/15, 2/17대대

호주 24여단
육군준장 A. H. L. 고드프리(Godfrey)
24여단 본부대, 왕립호주통신대 통신중대
24대전차중대, 2/28, 2/23, 2/43대대

호주 26여단
육군준장 토벨(Hon. R. W. Tovell)
26여단 본부대, 왕립호주통신대 통신중대
26대전차중대, 2/24, 2/48대대(2/32대대는 토브룩 포위 공격이 시작된 뒤 해상으로 이동하여 합류)

토브룩 방어군에 참여한 기타 부대들

호주 18여단
육군준장 G. F. 우튼(Wooten)
18여단 본부대, 왕립호주통신대 통신중대
16대전차중대, 2/9, 2/10, 2/12대대
왕립호주공병대 2/4야전공병중대
왕립호주육군의무대 2/5야전응급구호소

4대공포여단
육군준장 J. N. 슬래터(Slater)

항만방어구역

13경대공포연대 본부

왕립포병대 152/51, 153/51, 235/89중(重)대공포포대, 40/14경대공포포대

왕립포병대 51중대공포연대 정비반, 통신반

왕립포병대 왕립 윌트셔(Wiltshire) 기마의용병연대(서치라이트연대) 본부대, 파견대

외곽방어

(호주 9사단 포병사령관, L. F. 톰슨Thompson 준장 지휘)

14경대공포연대 본부

왕립포병대 38/13, 39/13, 57/14경대공포포대

왕립포병대 13경대공포연대 정비반, 통신반

총계: 3.7인치 대공포 24문(기동 가능 16문, 사용불가 2문), 102밀리미터 대공포 2문(이탈리아제 노획), 149밀리미터 대공포 2문(이탈리아), 40밀리미터 대공포 18문(기동 가능 6문), 20밀리미터 대공포 42문(이탈리아). 그 중 모든 경대공포대들은 40밀리미터와 20밀리미터 대공포 및 경기관총을 혼합하여 운용. 그 외 서치라이트 10개(90센티미터 8개, 이탈리아군에서 노획한 2개), MK1 표적추적 레이더 2개소(조기경보 진지에 배치)

왕립기마포병대 107(사우스 노팅엄셔 후사르)연대(25파운드 대포)

왕립전차연대(Royal Tank Regiment: RTR) 1전차대대(이하 '1RTR')

4RTR 일부 병력

7RTR D중대

왕립육군근무지원단 9기지보급창, 48전방보급창, 118휘발유보급창, 1유류저장중대, 25차량화야전응급구호소 중대, 61보급중대, 345보급중대, 550보급중대

리비아 전투공병 1대대, 2대대, 4대대

'배틀액스(Battleaxe)' 작전 참가 부대

서부사막군

육군중장 N. M. 베레스퍼드-피어스(Beresford-Peirse) 경

7기갑사단

육군소장 M. 오무어 크레아(O'Moore Creagh) 경

사단직할

11후사르(알버트 공의 연대) (말몬헤링턴 장갑차)

왕립공병대 4야전대대, 143야전물자저장소중대

왕립통신대 7기갑사단 통신반

정보대 270야전보안반(Field Security Section)
헌병대 7기갑사단 헌병중대

사단 근무지원부대

왕립근무지원단 5중대, 58중대, 65중대
왕립병기대 사단정비창, 사단야전병기저장소, 사단병기창 전방출고반, 1경정비반, 2경정비반, 3경정비반, 왕립육군의무대 2/3, 3/3기병야전응급구호소

7기갑여단

육군준장 H. E. 러셀(Russel)
7기갑여단 본부대, 통신중대
2RTR(순항전차)
6RTR(크루세이더 전차)

전투지원단

육군준장 J. C. 캠벨(Campbell)
전투지원단 본부, 통신중대
왕립보병연대 1대대
여왕부군(夫君)의 보병여단 2대대
왕립포병대 1경대공포연대(40밀리미터 보포스 대공포)

인도 4사단

육군소장 F. W. 메서비(Messervy)

사단직할

중부인도기마대(조지5세의 21기마연대) (병력수송차와 경전차)
왕립포병대 8야포연대, 25야포연대, 31야포연대(25파운드 대포)
왕립포병대 7중(中)포연대
왕립포병대 65대전차포연대
7인도보병여단 대전차중대
왕립포병대 4경대공 포대, 호주 9경대공 포대
왕립공병대 12야전중대, 국왕 조지6세의 벵갈 전투공병연대 4야전중대, 11야전물자저장소중대
사단직할 중대-왕립인도근무지원단 5인도보병여단중대, 7인도보병여단중대, 11인도보병여단중대, 왕립인도육군통신대 4인도사단 통신중대, 왕립인도육군의무대 4, 17, 19야전응급구호소
4인도사단헌병중대

22(근위)여단

육군준장 I. D. 어스카인(Erskine)

22(근위)여단 본부대, 왕립육군통신대 통신중대

22(근위)여단 대전차중대

콜드스트림(Coldstream) 근위연대 3대대

스코틀랜드 근위연대 2대대

갈색가죽고드 연대(The Buffs, 왕립 이스트켄트 연대) 1대대

알버트 빅터 공의 기병대, A대대

인도 11여단

육군준장 R. A. 사보리(Savory)

11인도여단 본부대, 통신중대

11인도여단 대전차중대

'카메론 하이랜더' 근위연대(Queen's Own Cameron Highlanders) 2대대

6라지푸타나(Rajputana) 보병연대(웰즐리Wellesley의 연대) 1대대

5마라타(Mahratta) 경보병연대 2대대

4기갑여단

육군준장 A. E. 게이트하우스(Gatehouse)

4기갑여단 본부대, 통신중대

4RTR(마틸다전차)

7RTR(마틸다전차)

3후사르 근위연대 A중대(순항전차)

영국 공군 202비행연대

(1941년 3월 31일 현재)

공군대령 L. O. 브라운(Brown)

호주공군 73비행중대, 3비행중대(허리케인)

55(폭격기)비행중대(블렌하임) (45폭격기비행중대가 곧 합류함)

6(지상지원)비행중대(라이샌더)

영국공군 204비행연대

(아래의 부대들이 1941년 4월 19일 204비행연대로 재편됨)

공군준장 레이먼드 콜린셔(Raymond Collinshaw)

73비행중대(허리케인) –토브룩

274비행중대(허리케인) –게롤라(Gerawla)

1938년 무렵에 이미 독일군은 소구경 대전차포의 약점을 인식하고 있었다. 이에 새로운 무기 '50밀리미터 Pak 38'이 설계되었다. 이 대전차포는 대단히 효과적인 무기로 토션바(torsion bar) 방식의 서스펜션과 주퇴기(駐退機)를 갖추고 제2차 세계대전 내내 사용되었다. 사진은 크라우스-마페이(Krauss-Maffei) 사에서 제작한 SdKfz11 반궤도 차량에 이 포가 견인되는 모습이다. 이 병기들은 전쟁 초기에 소수가 사용되었으나 점차 그 수가 늘어났다. (TM 557/E5)

14비행중대(블렌하임IV) –부그르엘아랍(Burg el Arab)
남아프리카공군 39비행중대 분견대(글렌 마틴Glenn Martin) –마텐 바구쉬(Maaten Bagush)
남아프리카공군 24비행중대 분견대(글렌 마틴) –푸카(Fuka)
45비행중대(블렌하임IV) –푸카
55비행중대(블렌하임IV) –짐라(Zimla)
6비행중대(허리케인 및 라이샌더) –토브룩

여기에 추가하여 257비행대대는 푸카에 전진본부를 유지하며, 웰링턴 폭격기중대들이(수에즈 운하 지대에 속한 샬루파Shallufa와 카브리트Kabrit에 주둔한 부대) 사막에서 작전을 펼칠 때 그들을 지휘했다.

| 양측 작전계획 |

1941년 3월 내내, 웨이벨과 그의 참모들은 그리스에 온 관심을 집중하고 있었다. 트리폴리에 독일군이 집결하고 있음을 알고 있었지만, 웨이벨 장군은 적어도 5월까지는 독일군이 본격적인 작전을 펼 준비를 갖추지 못할 것이라고 생각했다. 한편 그때쯤이면 영국에서도 증원군을 보낼 수 있는 여력이 생길지도 모른다고 기대했다.

니임 장군은 지휘권을 인수하는 순간부터 자기 부대의 전투력 부족을 집중적으로 중동사령부에 강조하기 시작했다. 그는 완전편제된 1개 기갑사단과 2개 보병사단이 필요하다고 추산했으며, 아울러 최소한 '적정 수준의' 공군 지원이 있어야 한다고 보고했다. 하지만 보낼 수 있는 증원세력이 별로 없다는 것이 중동사령부의 답변이었다.

웨이벨과 대영제국 참모총장인 육군대장 존 딜 경(Sir John Dill)은 니임을 찾아갔다. 그들은, 만약 니임의 부대가 공격을 받을 경우 전방 진지와 벵가지 사이에서 지연전을 펼쳐야 한다는 전략에 합의했다. 또한 사실상

기차에서 하역되어 전선으로 이동하는 5RTR(왕립전차연대)의 모습. 1940년 프랑스 전투가 끝난 뒤 5RTR은 2기갑사단과 함께 중동에 배치되었다. 그들은 그리스 원정대가 급파될 때 뒤에 남겨진 장비들을 인수했는데, 전차들의 상태가 너무 열악하여 대대적인 분해수리가 필요했다. 수리만 거친다면 영 못 쓸 정도는 아니었다. 영국군으로서는 롬멜의 맹렬한 공격을 막을 수 있는 방법이 거의 없었다.(TM 2771/E2)

88밀리미터 대공포는 기동성이 떨어져 방어적인 용도로만 쓰였다. 이 무기를 대전차포로 활용하는 행위에 대해 독일공군의 대공포부대 지휘관들은 별로 반가워하지 않았다. 지휘관들이란 자신들의 귀중한 무기가 엉뚱한 곳에 배치되는 것을 좋아하지 않기 때문이다. 사실 이 장비가 한번 대전차포로 배치되고 나면 다시 대공포 임무로 원상복귀될 가능성은 대단히 희박했다. 대공사격용 사격통제장비가 제거되고 조악한 방패가 부착됨에 따라 자신의 원래 임무를 수행할 수 없는 상태가 되기 때문이었다.(IWM HU1205)

기동성이 없는 호주 여단들 중에서 1개 여단을 최전선에서 철수시키기로 결정했다. 딜 참모총장은 영국의 육군성에 전문을 보내어, 엘아게일라와 벵가지 사이에 보병진지는 존재하지 않으며, 다른 여건이 동일한 상태라면 '더 강한 기동부대'를 보유한 쪽이 전투에서 승리할 것이라는 의견을 피력했다.

니임의 전략방침에 대한 서면승인이 3월 26일자로 접수되었다. '땅'보다는 '병력'의 보존이 보다 중요하다는 사실을 확인한 셈이었다. 벵가지는 영국군의 명예와 선전에는 가치가 있을망정 그 외에 다른 가치는 없었다. 니임의 전술운용 계획은 웨이벨 장군과의 구두논의에 근거를 두고 있었기 때문에 3월 26일에 문서화된 승인이 떨어지자 따로 수정할 내용이 없었다. 니임은 엘아게일라 전방에 있는 부대를 지원할 수 없다는 결론에 도달했고, 드라군 근위연대(King's Dragoon's Guards)를 근간으로 하는 엄호부대만 배치했다. 전방지역의 부대들은 심각한 압박을 받을 경우 견딜 만큼

견디되 괴멸당하기 전에 철수하도록 되어 있었다.

기갑여단은 안텔라트(Antelat) 지역에서 작전을 하면서 적의 주공(主攻)이 벵가지를 향하는지 아니면 토브룩을 향하는지 여부를 판별하고, 만약 기회가 된다면 적의 측면이나 배후에서 작전을 하도록 되어 있었다. 또한 적이 강하다고 판단되면 철수할 수도 있지만, 적이 어느 방향으로든 철수를 하게 되면 그 측면공격을 시도하라는 명령이 하달되어 있었다.

여기서 정말 중요한 것은, 당시 영국군으로서는 적절한 수송수단이 부족했기 때문에 몇몇 지역을 선별하여 보급창을 설치하는 방법을 강구했다는 점이다. 이들 보급창들의 중요성은 각각 무수스(Msus), 텍니스(Tecnis), 마투르바(Marturba), 메칠리(Mechili), 트미미(Tmimi)의 순이었다. 인도 3차량여단이 도착했을 때 니임은 이 부대를 마투르바에 배치하여 언제든 데르나(Derna)나 메칠리로 즉시 이동할 수 있도록 조치해두었다.

한편 이탈리아군 사령관 가리볼디는 시르테(Sirte)에서 정지하라는 상

영국군의 대규모 차량수송대열 일부가 메르사브레가에서 철수하다가 파괴되었다. 롬멜은 이 작전이 진행되는 동안 앞장서서 격렬한 전투에 참가했다. 그는 부관과 참모장을 대동하고 해안도로를 따라 북쪽으로 진격하기 위한 도로를 정찰했고, 이어 독일군이 그 경로를 따라 공격을 계속할 수 있었다.(TM 827/E1)

부의 명령을 이미 하달받은 상태였다. 롬멜은 리비아에 도착하는 병력을 곧바로 시르테에 집결시켰다. 그는 의도적인 위력정찰을 통해 영국군에게 독일군의 도착을 선전하는 동시에 공세적 기동방어를 준비했다. 한편 시칠리아의 독일 10비행군단 소속 병력인 50대의 슈투카(Stuka) 폭격기와 20대의 Me11 쌍발전투기가 공군소장 슈테판 프뢸리히의 지휘 아래 아프리카에 도착했다. 프뢸리히 장군은 아프리카 전역 공군사령관이 되었다.

아울러 롬멜은 시칠리아에 기지를 둔 일부 Ju88과 He111의 작전목표를 몰타에서 시레나이카의 영국군 진지로 전환시켰다. 참모요원들은 수송수단의 부족으로 애를 먹었다(임박한 러시아 작전으로 인해 충분한 수송수단이 제공되지 않았고, 참모들은 이탈리아제 휘발유의 열악한 품질에 불평을 터뜨렸다). 독일아프리카군단과 5경사단 참모들 사이에 말다툼이 벌어지는 일도 잦았다. 아프리카군단 참모들은 트리폴리 항구의 하역작업이 신속하게 이루어지기를 바랐고, 5경사단 참모들은 전방지역의 보급품 비축에 보다 주력하고 싶어했다.

3월 1일, 롬멜은 영국군이 더이상 전진할 의도를 보이지 않고 있으며, 자신의 부대가 가장 유리한 지점인 엘아게일라의 서쪽 약 30킬로미터 지점의 소금물 습지대 해안도로를 장악할 수 있었다는 사실에 만족해했다. 3월 13일, 마라다(Marada)에 있는 오아시스에서 영국군을 몰아냄으로써 전선이 강화되었고, 트리폴리에 대한 영국의 위협은 제거되었다.

롬멜은 자신의 작전 계획을 가리볼디에게 제안했다. 본격적인 무더위가 기승을 부리기 전인 5월 중에 시레나이카를 1차 목표로 삼고 이집트 북서쪽과 수에즈 운하를 최종목표로 삼는 공세작전을 개시하자는 내용이었다. 가리볼디는 이 대담한 계획을 승인했고, 롬멜은 자신의 계획서를 육군최고사령부(OKH-Army High Command, 독일어로는 Oberkommando des Heeres)에 보냈다.

이런 작전들을 실행하려면 강력한 지상군과 공군의 증원이 필요했으므로 롬멜은 3월 19일에 베를린으로 날아가 직접 자신의 작전계획을 설명했다. 하지만 15기갑사단 이상의 부대증강은 앞으로 없을 것이라는 단호한 답변을 들었다. 육군최고사령관인 발터 폰 브라우히치(Walter von Brauchitsch) 원수에 따르면, '롬멜 군단'의 목적은 아프리카에서 적의 공세를 저지하는 것이며 15기갑사단이 완전편제에 도달했을 경우에 한해(5월말이 지나면 편제가 완성된다) 공격을 수행할 수는 있지만 벵가지까지만 전진할 수 있었다. 그러나 사실 롬멜은 3월말에 이미 엘아게일라를 공격하기 위해 5경사단을 준비시키고 있었다.

3월 21일, 롬멜은 이탈리아군 최고사령부(Commando Supremo)의 지침과 보조를 같이하여 트리폴리타니아를 방어하고 시레나이카를 재탈환하라는 훈령을 접수하였다. 5월 중순에 15기갑사단이 전선에 도착하고 난 뒤에야 롬멜이 자신의 아프리카군단과 이탈리아군을 움직여 아게다비아(Agedabia)를 점령하고 추가 작전을 실행할 수 있다는 의미였다. 그 전투의 결과에 따라 토브룩을 공격하는 계획을 추진할지 아니면 더 많은 증원부대의 도착을 기다릴 것인지 여부를 결정해야 했다. 따라서 그는 작전을 서두를 이유가 없었고, 한 달 내에 구체적인 작전계획을 제출하여 이탈리아 총사령관에게 승인을 얻어야 했다.

3월 23일에 아프리카로 돌아온 롬멜은 무전감청을 통해 영국군이 아게다비아 남서쪽 지역에서 철수하고 있다는 사실을 알게 되었다. 영국군이 최소한의 병력만으로 엘아게일라를 지키고 있다는 사실도 확인했다. 이에 슈트라이히는 메르사브레가에 대한 위력정찰 계획을 수립했다. 롬멜은 즉시 이에 동의했고, 동시에 엘아게일라와 그곳에 설치된 양질의 급수시설을 다음날까지 점령하라고 지시했다.

잠시 동안의 소강상태가 3월 30일까지 지속되었다. 그날 슈트라이히는 메르사브레가를 다음날까지 점령하라는 명령을 받았다. 가리볼디는 메르사브레가로의 진격을 승인하긴 했지만 그 이상으로 전진하는 것은 금지했다. 이에 롬멜은 잘로(Jalo) 방향을 정찰하도록 명령하여 영국군의 우회기동을 경계했다. 만약 롬멜이 이 무렵부터 가리볼디의 명령을 무시할 생각이었다면, 그는 자기 참모들에게도 전혀 속내를 드러내지 않았던 셈이다.

| 사막 전역 |

:: 벵가지 공방

3월 31일, 영국군 2기갑사단은 빈약한 전투지원단과 함께 메르사브레가에 배치되어 12킬로미터의 정면을 담당하고 있었고, 3기갑여단은 북동쪽으로 약 8킬로미터 떨어진 지점에서 2기갑사단의 측면을 엄호하고 있었다.

오전 10시 무렵에 독일군이 나타나 장시간에 걸친 정찰활동을 수행했다. 이어 세심하게 계획된, 그러나 신중한 독일군의 공격이 있었지만 일단 영국군에 의해 저지당했다. 그날 오후, 전투지원단을 지휘하는 라담 준장은 3기갑여단으로 독일군 우익을 공격해달라고 요청했다. 하지만 2기갑사단장 감비어-패리 소장은, 어두워지기 전까지 3기갑여단 병력이 독일군 우익을 우회할 수 있는 시간적 여유가 없다는 이유로 요청을 기각했다.

그날 두 번에 걸친 독일군의 집중적인 공습에 이어 다시 강력한 독일 지상군의 공격이 영국군 우익에 집중되었다. RTR(왕립전차연대) 5대대(이하 5RTR) C중대의 지원을 받은 타워햄릿(Tower Hamlet) 보병연대 1대대는, 이탈리아 M13전차 몇 대의 지원을 받는 독일 5전차연대의 전차부대를 저지했다. 롬멜의 명령에 따라 기복 심한 모래언덕을 통해 8기관총대대가 파견되자 영국군은 결국 철수할 수밖에 없는 상황에 처했다. 그 과정에서 영국군은 6대의 전차와 수많은 트럭, 병력수송차량들을 잃었다. 독일 5전차연대는 3호전차 2대와 4호전차 1대를 잃었을 뿐이었다.

다음날 지상에서 양측의 접촉은 없었다. 영국군이 예상보다 자발적이고 신속하게 철수하자, 롬멜은 앞서 자신이 수령했던 훈령을 무시하고 영국군을 다시 공격하여 아게다비아 쪽으로 밀어내고 싶어졌다. 그는 자신의 부대를 두 개의 종대로 분리했다. 즉시 5전차연대와 8기관총대대를 비롯, 이들을 지원할 대전차포와 포병부대로 구성된 독일군의 주력부대가 주도로를 따라 전진하기 시작했다. 그러나 당시 남쪽으로 크게 우회하는 경로를 택한 2기관총대대는 열악한 도로사정 때문에 전진이 둔화되었다.

4월 2일, 롬멜은 비아발비아(Via Balbia) 도로를 통해 성큼성큼 앞으로

1941년 3월 31일 ~ 4월 11일, 롬멜의 시레나이카 횡단

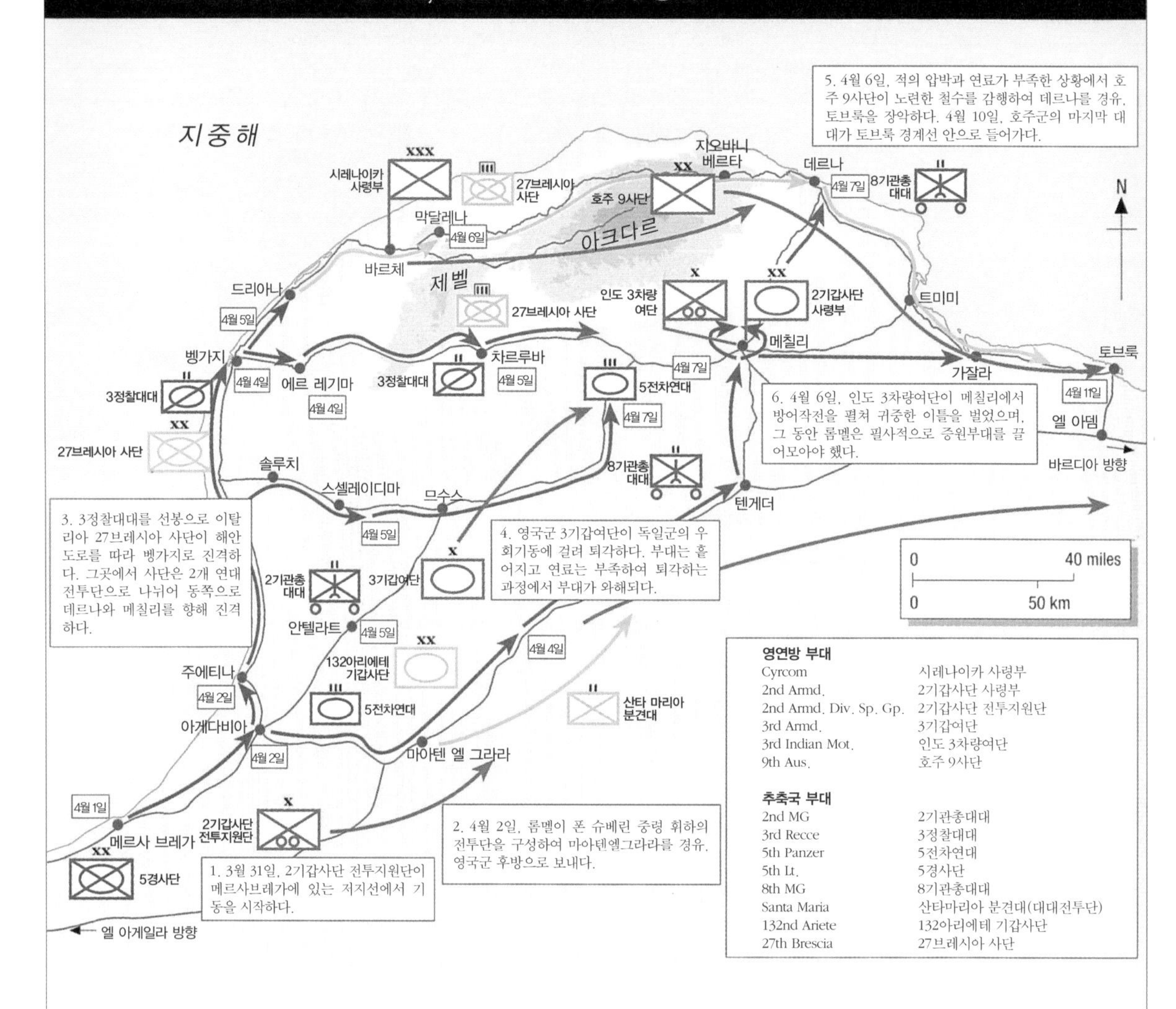

진격하는 동시에 강력한 이탈리아 증원부대를 전방으로 추진시켰다. 그날 오후, 독일군은 아게다비아 탈환에 만족하지 않고 내친 김에 주에티나(Zuetina)까지 밀고나갔다. 롬멜은 이제 가리볼디의 반대를 아예 무시해버린 채, 남쪽 측면을 가로질러 분견대를 파견함으로써 영국군이 실제로 시레나이카를 지킬 의향이 있는지를 확인하고자 했다. 롬멜은 이탈리아군 보병 1개 대대에 독일군 통신부대 및 대전차부대 일부를 통합시켜 그라프 폰 슈베린(Graf von Schwerin) 중령을 지휘관으로 삼아 마아텐엘그라파(Maaten el Grafa)로 진출시켰다.

파괴된 1호전차를 조사하고 있는 이 호주 병사는, 독일 전차부대에 대한 공포가 어째서 그토록 과장되었는지 의아해하고 있는 듯하다. 1934년부터 대량생산에 들어간 독일의 첫 전차는 2년 후 생산이 중단될 무렵쯤에는 이미 구식 모델이 되어 있었다. 이 1호전차는 두 명의 승무원이 타도록 설계되었으며, 기관총 1정으로 무장하고 있었다. 여러 모로 현대전에 부적합한 면이 많았지만 1941년까지 광범위한 전선에 계속 참전하며 활약했다.(TM 1335/B5)

니임 장군은 그때까지 3기갑여단의 통제권을 2기갑사단장 감비어-패리 소장에게 맡겨두고 있었지만, 이날 오후에 자신의 사전허락 없이는 부대를 움직이지 말라는 지시를 보냈다. 당시 영국군 전투지원단은 계속 벵가지 도로를 지키고 있었고, 3기갑여단은 스셀레이디마(Sceleidima)로 이동하려고 준비하는 중이었다. 이는 영국군이 무수스 보급기지로부터 계속 보급을 받아야만 하는 상황에서, 독일군이 사막을 횡단하여 보급 차단을 시도할 경우에 대비한 조치였다. 비록 지상전 전개상황에 따른 조치였지만 이는 웨이벨 대장에게는 큰 근심거리가 되었다. 웨이벨 대장은 바로 그날 오후에 비행기를 타고 바르체에 도착했다. 제반 상황에 대한 견해를 듣기 위함이었다.

그 와중에도 독일군의 압박은 더욱 거세졌다. 롬멜은 가리볼디의 반대를 무시하고 부대를 세 개 종대로 나누어 가차없이 몰아붙였다. 롬멜은 피즐러 슈토르히(Fiesler Storch) 연락기를 타고 돌아다니며 상공에서 명령문을 계속 투하했다. 주로 "즉각 이동하지 않으면 당장 작륙하겠다"며 지상 병력을 위협하는 내용이었다.

전쟁 수행에 꼭 필요한 유체(流體)자원들(연료, 윤활유, 식수 등)을 운반하는 영국군 장비는 한결같이 부실했다. 사진에 보이는 4갤런(18.2리터)들이 다용도 통은 '플림지(flimsy)' 라고 불렸다. 사진 속의 'W' 표시는 물통임을 나타내며, 적재량이 1500파운드(약 750kg)인 트럭에 싣고 있는 중이다. 이 통들은 알렉산드리아 인근의 공장에서 한꺼번에 수백만 개씩 생산되었는데, 많은 용기들이 누수현상을 보였다. 차라리 바닥을 잘라내고 연료를 모래에 쏟아 버리고 나면 매우 효율적인 조리기구로 변신했다.(IWM E1513)

독일군 좌익종대는 해안도로를 따라 벵가지로 진격했다. 독일군 3정찰대대를 선봉으로 한 이탈리아군 27브레시아 사단이 주축이었다. 중앙종대는 5전차연대 전력을 주축으로 하고 이탈리아 132아리에테 기갑사단의 병력을 지원받은 강력한 기갑부대였다. 이들은 무수스를 거쳐 메칠리까지 진격할 예정이었다. 우익종대는 아리에테 사단의 정찰대와 5경사단에서 차출된 부대가 담당했다.

공세적 자세가 부족했던 영국 지휘관들과 롬멜의 추진력은 선명한 대조를 이루었다. 웨이벨은, 자신이 이끄는 허약한 군대를 보호하기 위해 땅을 포기하겠다는 마음의 준비가 되어 있었다. 그는 '울트라(Ultra) 해독기'로 암호통신을 해독한 결과, 롬멜이 받은 명령이 무엇인지를 잘 알고 있다고 생각했다. 하지만 영국군을 밀어붙이려는 롬멜의 의도에 관한 한 암호해독은 아무것도 알려주지 않았다. 롬멜의 상관도 롬멜의 의도를 모르기는 마찬가지였기 때문이다.

지상에서는 영국 2기갑사단의 상황이 안 좋은 방향으로 흘러가고 있었다. 타워햄릿 보병연대 1대대는 독일군과 접촉을 끊는 데 애를 먹었고, 거의 1개 중대 병력에 해당하는 병력이 손실되었다. 그나마 용감무쌍한 반격 덕분에 최악의 재앙만은 면할 수 있었다. 그날 오후 내내 영국 2기갑사단의 모든 병력들은 후퇴를 거듭했다. 영국 5RTR의 1개 중대가 후퇴병력

독일군 역시 액체를 담을 수 있는 통을 아프리카로 가져왔다. 이 통들은 영국군의 '플림지' 보다 실용성과 품질 면에서 훨씬 뛰어났다. 이 통에는 '제리캔(Jerrycan)' 이라는 별명이 붙었다. 영연방군조차 이 통들을 탐냈기 때문에 결국 '제리캔' 이라는 명사가 아예 영어 어휘에 포함되었다. 반면에 독일아프리카군단 병사들이 쓰고 있던 내피 헬멧은 실용적이지 못했다. 그들은 곧 이 헬멧을 버리고 더 가벼운 헬멧을 선호하게 되었다.(TM 557/E4)

영국군의 정찰전술이 은밀하게 정보를 수집하는 것인 데 비해, 독일군은 늘 기꺼이 전투를 치러가면서 적의 전력을 탐색했다. 독일정찰대의 차량은 모두 장갑차였으며 대개 20밀리미터 포(나중에 무장을 개선했음)로 무장했기 때문에 영국 정찰대에 비해 확실한 우위를 점하고 있었다. 이 그림에 등장한 3정찰대대 소속의 SdKfz232와 SdKfz222는 벵가지로 이동하고 있는 중이다. 영국군이 엄청난 이탈리아 노획장비들을 버리고 서둘러 떠났기 때문에 이들 독일 정찰대의 진로를 막는 조직적 저항은 없었다.(짐 로리어Jim Laurier 그림)

비커스(Vickers) 사에서 제작한 경전차는 여러 모로 부족한 점이 많았다는 사실이 이전의 전투에서도 드러난 바 있다. 다만 이 사진에서처럼 정찰용으로는 사용할 만했다. 불행하게도 한참이나 시간이 흐른 후에야 영국 전차부대에 쓸 만한 전차들이 보급되었다. 그때까지 영국의 전차부대는 부적절한 설계에 따라 제작된 열등한 전차로 버텨야 했다.(TM 2260/B1)

을 엄호하고 있었다. 하지만 이 후위부대도 독일 5전차연대 2대대의 공격을 받았다. 이 전투에서 각각 영국군은 전차 5대, 독일군은 전차 3대를 잃었다.

웨이벨이 니임의 사령부에 도착했을 무렵, 니임의 지시에 대한 감비어-패리 소장의 접수 보고가 도착했다. 지시문을 전송하는 데 거의 2시간이 소요되었던 것이다. 감비어-패리는 자신의 전투 상황을 보고하면서, 현재 22대의 순항전차와 25대의 경전차가 있지만 매 16킬로미터마다 전차 1대꼴로 손실되고 있다고 언급했다. 영국 기갑부대가 처한 상황은 웨이벨에게는 충격 그 자체였다.

니임은 사막 루트에 대해 생각하고 있었지만 웨이벨은 아직 벵가지 도로를 보호해야 한다고 조언했다. 이전의 지시사항이 기갑부대를 보존하는 대신 기꺼이 땅을 희생하라는 내용이었으므로 매우 놀랄 만한 이야기였다. 웨이벨은 자신의 문제만큼 롬멜의 문제도 잘 알고 있는 듯했다. 사실 롬멜에게는 공격을 위한 사전준비 시간이 별로 없었다. 따라서 롬멜의 공격목표는 제한적일 수밖에 없었고, 이를테면 벵가지가 바로 그곳일 터였다.

어쨌든 웨이벨의 명령은 21:00시에 전송되었지만 다음날 새벽 02:25시가 되어서야 명령 수령 답신이 도착했다. 하지만 그 시간에는 이미 상황이 변해 있었다. 4월 2일 저녁에 웨이벨은 오코너를 소환했다. 오코너는

SdKfz251/1 장갑차 한 대가 메칠리 요새를 지나가고 있다. 아군 항공기가 잘 식별할 수 있도록 장갑차의 앞부분을 독일 깃발로 덮었다. 사막의 거친 기후 때문에 장갑차의 유지보수는 북유럽에서보다 힘들었다. 그럼에도 이 251장갑차는 현지적응성이 매우 좋은 차량이었다. 이것을 기본으로 한 무수한 변형모델들이 북아프리카 전선에서 계속 사용되었다.(TM 500/A6)

포로가 된 쿰브와 오코너, 니임(왼쪽에서 오른쪽으로) 장군들이 이탈리아로 후송되는 도중에 찍은 사진이다. 몇 달 후, 오코너가 롬멜의 전선사령부에 도착하여 식사 중인 독일인들에게 했다는 말이 이집트에 전해졌다(아마 지어낸 이야기일 것이다). "여기 누구 영어 할 줄 아는 장교 없소?" 이렇게 말하고 오코너는 한 사람 한 사람을 차례차례 쳐다보았다. 잠시 후 안경을 쓴 젊은 장교 한 사람이 나섰다. "제가 좀 합니다." 동시에 탁 소리와 함께 발뒤꿈치를 붙이며 힘차게 고개를 끄덕여 예의를 표했다. 그러자 오코너는 이렇게 소리쳤다고 한다. "그럼 너부터 엿이나 먹어라!"(IWM MH5554)

다음날 존 쿰브(John Coombe, 전임 11후사르 연대장) 준장과 함께 도착했다. 존 쿰브는 사막에 관한 한 최고의 전문가였다. 이들과 의논한 끝에 웨이벨은 니임에게 지휘를 맡기되 오코너를 남겨 니임에게 조언을 제공하도록 조치했다.

롬멜은 여전히 병력을 전진시키는 일에만 몰두하고 있었다. 슈트라이히가 연료와 탄약의 보충을 위해 4일간 진격을 멈추어야 한다고 불평하자, 롬멜은 가용한 모든 승무원과 트럭을 동원하여 아르코데이필레니(Arco dei Fileni)에 있는 사단보급소로부터 24시간 동안 긴급연료수송작전을 전개했다.

벵가지는 4월 4일 독일군 좌익종대의 수중에 떨어졌다. 롬멜은 손에 잡히는 대로 각 부대에서 병력을 차출하여 임시 종대를 편성한 후 더 멀리 떨어진 목표를 향해 출진시켰다. 독일군의 임기응변적 태도는 노골적으로 드러났다. 롬멜은 아리에테 사단을 메칠리로 보내는 한편 슈트라이히에게

갈매기형 날개와 거대한 착륙기어를 갖고 있으며 급강하시에 시끄러운 울부짖음 소리를 내는 융커스Ju87. 급강하폭격기(Sturzkampflugzeug), 또는 '슈투카(Stuka)'라 불리다가 곧 두 단어는 동의어가 되었다. 1935년에 첫 비행을 했으며 2년 후 현역에 투입되었다. Ju87B-2형의 경우 1,000킬로그램의 폭탄을 탑재할 수 있었고, 이탈리아군에게는 '피치아텔로(Picchiatello)'라는 이름으로 공급되었다. Ju87B-2/Trop형은 북아프리카용으로 개발되어 모래 여과장치를 탑재하고 조종사를 위한 사막생존장비를 넣은 배낭을 장비했다.(IWM MH5584)

8기관총대대와 5전차연대의 1개 중대, 그리고 1개 대전차중대를 거느리고 토브룩으로 가라고 명령했다. 또한 5전차연대의 본대는 이탈리아 아리에테 사단에서 차출된 2기관총대대와 1개 전차대대와 함께 무수스로 향하도록 명령을 받았다. 당시 아프리카를 방문중이었던 하인리히 키르히하임(Heinrich Kirchheim) 소장에게는 브레시아 사단을 이끌고 제벨 아크다르(Jebel Akhdar) 산맥을 따라 진출하는 임무를 떠맡겼다.

그러나 롬멜의 이 모든 추진력과 열정에도 불구하고, 연료가 없으면 병력은 더이상 전진할 수 없었다. 실제로 롬멜의 명령을 받은 부대들 중에서 일부는 일시적 정지상태에 빠지게 된다. 특히 이탈리아군이 그런 경향이 심했다. 보급이 전방으로 이동하는 동안 전진부대들이 보급선의 한계를 초월해버린 것이다.

한편 영국군 장비의 기계적 결함이 문제가 될 것이라는 감비어-패리의 예측은 너무나 정확했다. 그는, 3기갑여단이 이미 사방으로 분산된 데다 연료도 부족하므로 웨이벨의 훈령을 준수하기 어려운 상황이라고 보고했다. 전력이 절반으로 줄어든 타워햄릿 보병연대 1대대는 해안도로에서 공격을 당하게 될 경우 완전히 유린될 형편이었다. 감비어-패리는 스셀레이

토브룩 외각 진지에 배치된 호주 보병. 1RTR의 레아 리키(Rea Leakey) 대위는 자신의 부대원들이 민간인 선박에 승선하던 그 시간에 알렉산드리아에서 휴가를 즐기고 있었다. 그의 상관은 그에게 카이로로 돌아오라고 명령했다. 카이로에 도착한 그는 트럭을 직접 몰며 바퀴가 닳도록 밤새워 달렸다. 이집트 국경선의 헌병이 토브룩으로 가는 길이 차단되었다고 알렸으나 그는 계속 달렸다. 결국 독일 장갑차량과 마주치기 직전에 겨우 토브룩 요새 동쪽 입구에 도착할 수 있었다. 병사들의 환영인사는 다음과 같았다. "호주 잡종부대에 오신 것을 환영합니다!"(IWM E4792)

황량하고 한결같은 사막에서도 은폐는 가능했다. 사진에 보이는 영국군 소대가 그것을 증명하고 있다. 한낮의 열기로 생기는 아지랑이, 빈번한 모래폭풍, 사막 중심에서 불어오는 뜨거운 캠신(Khamseen) 열풍이 결합되어 은폐는 더욱 쉬워졌다. 이런 기후조건은 토브룩을 방어하는 보병들에게는 유리한 환경을 제공했고 추축군의 공격은 방해했다. 공격군의 입장에서 보면, 이러한 사막 환경 때문에 토브룩 외각진지와 그들을 지원하는 후방진지들을 찾아내기가 상당히 어려웠을 것이다.(IWM 7830/1)

디마를 통과해 병력을 철수시키지 않을 수 없었다. 사단 전체를 재편성하기 위함이었다.

이런 소식은 4월 3일 06:00시에 니임에게 전달되었다. 이로써 벵가지를 사수하려는 모든 희망은 사라졌다. 철수 진에 '파괴계획'을 집행하는 것 외에는 다른 대안이 없었다. 무엇보다 영국군이 이탈리아군으로부터 노획한 탄약 4,000톤은 모두 폭파시켜야만 했다.

감비어-패리에게는 새로운 명령이 하달되었다. 해안도로 방어임무를 그만두고 적이 급경사지대에 접근하지 못하도록 견제하는 한편 호주군 좌익을 엄호하고 무수스의 야전보급기지를 보호하라는 임무였다.

10:00시, 새로운 명령을 하달한 웨이벨은 카이로로 향했다. 같은날 오후 몇몇 부대에 도착한 추가적 지시사항들과 잘못된 적동향 정보 등이 뒤섞여 2기갑사단 내부에서는 완벽한 혼란이 연출되었다. 여러 부대가 엘아비아르(El Abiar)로 향하기 시작했고, 곧 3기갑여단도 동일한 명령을 접수했다. 3기갑여단을 지휘하던 리밍턴(Rimington) 준장은 상황을 정확히 파악하려고 노력했지만 헛수고였다. 그는 그대로 무수스를 향해 이동하기로 결정했다. 하지만 불행하게도, 독일군이 접근하고 있다는 잘못된 보고를 접한 자유프랑스 차량대대 예하의 중대는 철수에 앞서 저장되어 있던 연료 대부분과 일부 물자들을 폭파해버렸다. 결국 3기갑여단은 4월 4일 아침에 오도가도 못하는 신세가 되었다.

니임 장군 역시 무수스가 함락되었을 것이라는 강한 인상을 받았으며 2기갑사단의 상황도 명확하게 파악할 수 없었다. 그날밤 니임은 데르나와 메칠리(Derna-Mechili)를 잇는 기본방어선까지 철수하겠다고 선언했다. 인도 3차량여단이 메칠리를 장악하여 무수스로부터 진출하는 적을 저지하는 임무를 맡았고, 2기갑여단도 최대한 신속하게 메칠리로 이동해야 했다. 호주 9사단은 바르체 동쪽의 급사면지대로 돌아가야 했다.

벵가지에서 온 독일 3정찰대대와 이탈리아군은 호주 13연대 2대대와 치열한 교전을 벌였다. 이 호주군은 왕립포병대 51(웨스트모어랜드&컴벌랜드 기마의용병)야포연대의 지원을 받았다. 이 교전에서 추축군 병력은 심각한 타격을 받았지만 호주군도 98명의 사상자를 냈다.

니임 장군은, 수송수단이 부족하므로 철수를 하려면 그날밤 중으로 해야 한다는 결정을 내렸다. 3기갑여단은 철수명령을 4월 4일 오후 늦게 수령했고, 5RTR의 순항전차 9대(곧 1대를 더 잃어 남은 전차는 8대가 됨)와 3후사르 근위연대 소속 경전차 14대 및 크게 손상된 6RTR의 M13 전차 2대만이 24시간 뒤에 차르루바(Charruba)에 간신히 도착했다. 영국의 고위 지휘관들이 그토록 보존하고자 했던 기갑부대는 포 한 발 날려보지 못한 채 사라져버린 셈이었다.

4월 5일에도 영국군은 계속 퇴각했고, 롬멜은 메칠리 부근에서 3개 종대를 하나로 합치기로 결정했다. 저녁이 될 때까지 롬멜은 8기관총대대를 직접 수습하여 이들을 이끌고 밤새도록 목적지로 향했다. 목적지에 도착한 그들은 다음날 아침 슈트라이히가 이끄는 종대를 비롯한 나머지 종대들과 합류했다.

메칠리에 있는 인도 3차량여단으로부터 독일군의 공격을 받고 있다는 보고가 들어오자 오코너는(이때 니임 장군은 감비어-패리를 방문하기 위해 사령부를 떠나 있었다) 영국군이 두려워했던 상황, 즉 사막을 크게 우회하는 독일군의 포위작전이 시작되었음을 직감하고 총퇴각이 불가피하다는 결론을 내렸다. 결국 오코너는 2기갑사단에게 즉시 메칠리로 이동하라고 명령했다.

그러나 이 명령을 감비어-패리가 제대로 접수했는지는 알 수 없었다. 어쨌든 감비어-패리가 이미 그곳을 향해 이동하고 있긴 했지만, 리밍턴 준장은 3기갑여단을 이끌고 휘발유를 찾아 마라우아로 갔다. 그곳에서 약간의 연료를 찾아낸 리밍턴은 더 많은 연료를 구하기 위해 지오반니베르타(Giovanni Berta)를 지나 데르나로 가보기로 결정했다. 그런데 리밍턴이 부여단장과 함께 연료 확보를 위해 데르나로 이동하던 중 그들이 타고 있던 차가 전복되고 만다. 나중에 두 사람은 모두 독일군의 포로로 붙잡혔다. 아무튼 3기갑여단은 최선을 다해 분투했는데, 그 와중에 데르나 안팎의 가파른 비탈을 피해가며 행군 중이던 호주 9사단을 가로지르기도 했다.

한편, 호주군은 수송수단의 부족과 열악한 통신수단에도 불구하고 4

월 6일 17:00시에 안전하게 철수를 완료했다. 그 과정에서 모든 군수물자 보급차량이 동원되었고, 후퇴하면서 모든 물자와 장비를 파괴하는 삭선은 왕립보병대 1대대가 담당했다. 이 대대는 막 이집트에서 복귀한 차량 대대였다.

다음날 04:30시, 호주사단의 선두부대가 트미미에 도착했다. 이곳은 호주 26여단이 방어를 맡고 있었다. 11:30시에 구스타프 포나트(Gustav Ponath) 중령이 이끄는 독일 8기관총대대의 병력이 데르나 남쪽에서 영국 5RTR과 격렬한 교전을 벌였다. 이 전투에서 영국군은 두 번에 걸쳐 독일군의 공격을 격퇴했으나 남아있던 4대의 전차가 파괴되었다. 비록 전차는 잃었지만 남은 영국군을 안전하게 철수시키기에는 충분한 전투성과였다.

그날밤 시레나이카 사령부의 참모장인 존 하딩(John Harding) 준장이 트미미에 도착했다. 하지만 그는 곧 니임 장군이나 오코너 장군으로부터 아무런 소식이 없다는 사실을 알게 되었다. 적군이 이 지역에 들어와 있으며 두 사람이 포로로 잡혔을지도 모른다고 판단한 그는, 사령부를 토브룩에 세우기로 결정하고 06:30시에 이러한 사실을 웨이벨에게 보고했다.

이런 우려는 결국 현실로 드러났다. 4월 6일 20:00시까지 마라우아에 남아 있었던 니임과 오코너는 쿰브 여단장과 함께 같은 자동차에 올랐다. 지오반니베르타 부근에서 일행은 사막도로를 택했지만, 곧 원래 의도했던 동쪽 트미미 방향이 아닌 북쪽 데르나 쪽으로 방향을 바꿨다. 자정도 한참 지난 시각에 쿰브와 오코너는 뒷좌석에서 잠이 들었는데, 갑자기 차가 멈춰섰다. 이상한 소리가 들려 쿰브가 상황을 살피기 위해 차에서 내렸다. 그 소리는 영국군의 목소리가 아니었다. 그가 운전병에게 도대체 무슨 일인지를 묻자 운전병은 이렇게 대답했다.

"제 생각에는 …… 빌어먹을 키프로스(당시 영국령 지중해의 도서국가—옮긴이) 운전병들 같습니다."

그 말은 틀렸다. 그들은 포나트가 이끄는 독일군의 일부였다.

토브룩 방어선이 구축되자 이제 하딩과 모스헤드가 영국군의 중추가 되었다. 방어선은 아크로마(Acroma)와 가잘라(Gazala) 사이에서 형성되었다. 호주 18여단과 24여단이 토브룩 요새 안으로 들어가 방어진지 구축에 들어갔다. 이 방어진지 안으로 갈증과 피곤에 지친 연합군 병사들이 반(半)소대, 소대, 반중대 단위로 서서히 유입되기 시작하다가 한순간 급격히 쏟아져 들어왔다.

4월 6일 아침, 독일군은 메칠리에 있는 인도군 진지에 포격을 가하기 시작했다. 18:00시경, 독일군 측의 한 참모장교가 백기를 들고 접근하여 인도군은 포위된 상태이니 항복하라고 요구했다. 제안은 그 자리에서 거절당했다. 얼마 후 감비어-패리 장군이 그곳에 도착하여 인도 3차량여단과 여러 소부대들을 지휘했다. 원래 롬멜은 다음날 아침에 이 진지에 대한 총공격을 감행할 작정이었으나 공격에 필요한 충분한 병력을 모으지 못했다.

4월 7일 저녁, 아리에테 사단의 일부 병력과 함께 슈트라이히가 이끄는 병력이 도착했다. 이들 부대는 영국공군 45비행대대와 55비행대대의 블렌하임 전투기들, 그리고 호주공군 3비행대대에 여전히 남아 있던 한두 대의 허리케인 전투기에 끊임없이 공습을 당하며 시달렸다. 게다가 잘로에 배치되어 있던 장거리사막정찰부대(Long Range Desert Group) A대대가 독일군의 측면을 배회하며 끊임없이 양동작전의 기회를 노리고 있었다.

그날 하루 동안 감비어-패리는 두 차례나 항복권유를 받았으며 두 번 모두 거절했다. 17:30시에 도착한 두 번째 항복권유문서에는 롬멜의 친필 사인이 있었다. 항복을 권유하러 온 사절은, 롬멜이 서둘러 답변을 받아오라 했다고 말했다. 그러나 오히려 상황은 더욱 지체되어 일반적인 경우보다 훨씬 더 긴 시간이 지난 뒤에야 독일군 측에 답변이 전해졌다. 거부의사를 밝히는 간결한 답신이었다.

21:30시, 감비어-패리는 엘아뎀으로 철수하라는 명령을 받았다. 인도

3차량여단장인 본(Vaughn) 장군은 감비어-패리 및 2기갑사단 사령부가 탑승한 지휘차량에 함께 타고 철수하기로 했다. 이 철수작전을 지원하기 위해, 여명이 시작되는 순간 18기병대 에드워드 7세의 연대(18th King Edward VII's Own Cavalry) 1개 대대가 출구를 막고 있던 추축군의 포병대를 공격하는 임무를 맡았다. 그동안 2개 사령부와 그에 예속된 각 병력을 실은 비장갑차량들의 종대가 요새를 빠져나갔다. 인도 차량여단의 나머지 2개 연대는 종대의 양측면과 후방을 엄호했다.

이유가 무엇인지는 분명하지 않지만, 06:15시에 공격이 개시되었을 무렵 사단사령부는 아직 철수할 준비가 되어 있지 않았다. 본 장군은 시간이 많이 지체된 후에 사단사령부 없이 출발하기로 결정했다. 인도 3차량여단 사령부는 철수를 시작하는 순간부터 전방에 있던 적 전차의 강력한 포격과 기관총 사격에 직면했다. 여단사령부는 철수를 멈추었고, 본 장군은 감비어-패리 장군에게 남쪽을 우회하여 동쪽으로 빠져나가자고 제안했다. 본 장군은 요새로 돌아가다가 후위를 맡은 2왕립창기병연대가 독일 전차로부터 집중공격을 받고 있음을 알게 되었다. 게다가 사단사령부는 아직도 출발선에 도달하지 못하고 서쪽으로 벗어나 있는 상태였다. 여기서 사단사령부는 여단의 다른 전투지원부대 대부분과 함께 포로가 되었다.

2왕립창기병연대는 거의 1개 대대를 완전히 잃었지만 포위망을 돌파하고 엘아뎀에 도달하는 데 성공했다. 이 과정에서 300명의 독일군 포로를 확보하기까지 했다. 비록 순간적이나마 롬멜은 파상공격을 저지당했다. 그 틈을 이용해 호주군은 토브룩으로 이동할 수 있었다.

마침내 메칠리가 함락되는 과정에서 롬멜 자신이 큰 위험에 직면하기도 했다. 지난 며칠간의 혼란 속에 무수한 근접전을 치렀던 롬멜은, 다시 슈토르히 연락기를 타고 아리에테 사단 예하 베르사글리에리 대대 위로 저공비행을 했다. 하지만 베르사글리에리 대대는 롬멜의 비행기를 적기로 오인했다. 약 100미터 거리에서 슈토르히 연락기는 집중사격을 받았지만 다행히 아무런 손상을 입지 않은 채 이탈할 수 있었다.

롬멜은 자신의 부대들에게 다시 한 번 돌진을 명령하고 자신은 데르나로 갔다. 데르나에 도착한 그는 최근 전과와 관련하여 포나트를 치하하고 자신을 도왔던 키르히하임 장군에게 감사를 표했다. 또한 15기갑사단에 앞서 전선에 도착한 프리트비츠 소장을 환영했다. 롬멜은 3정찰대대, 8기관총대대, 605대전차대대를 다시 프리트비츠 장군에게 맡기며, 호주군을 추격하여 토브룩에서 "그들을 몰아내라"고 명령했다.

:: 토브룩 포위

시레나이카 재탈환 계획서의 마감시한 9일전에 롬멜은 시레나이카를 재정복했지만 단 한 곳, 작지만 뼈아플 정도로 중요한 한 귀퉁이를 점령하지 못했다. 바로 그곳에 토브룩 항구가 포함되어 있었다. 그 지역에 방어 가능한 항구가 있다면 영국해군은 작전을 계속 수행하며 육군을 지원할 수 있었다. 그것이 수세기 동안 이어진 영국의 전술교리였다.

4월 6일, 딜(Dill)과 영국의 외무장관(영국으로 돌아가는 길에 카이로에 들른) 앤소니 이든(Anthony Eden)이 배석한 가운데 세 명의 최고사령관들이 모여 사막 전선을 안정화시키는 문제를 놓고 회의를 가졌다. 그리스로부터 이 지역으로 영국의 주된 군사적 관심을 돌려야 한다는 내용이었다. 하지만 상황이 너무나 다급하여 일단은 서부사막에 남아 있는 군사력만으로 어떻게든 버텨야 하는 상황이었다.

이미 호주 7사단에서 18여단을 빼내어 토브룩에 증원부대로 파견한 상태였고, 영국군 1개 여단이 바르디아에서 대기하고 있었다. 영국 해군대장 앤드류 커닝엄 경(Sir Andrew Cunningham)은 적 공군과 적 해군의 위협에 맞서 바다에서 토브룩 수비를 지원할 수 있다고 장담했다(확실히 커닝엄 제독은 독일군, 특히 독일공군을 가능한 한 알렉산드리아에서 멀리 떨어진

독일군 전투공병이 토브룩 외각진지에 대한 공격명령을 기다리며 시계를 보고 있다. 공병의 임무는 전투공병과 건설공병으로 나뉜다. 전투공병은 전투병 훈련을 받은 중무장 공병돌격대로서, 적의 방어진지에 돌파구를 뚫는 등 전쟁터의 공병임무를 수행했다. 롬멜은 건설과 관련된 대부분의 일은 이탈리아군에 의존했는데, 그 분야에 관한 한 이탈리아군은 매우 유능했기 때문에 롬멜이 칭찬을 하기도 했다.(IWM HU5624)

곳에 묶어두는 데 열의를 보이고 있었다). 웨이벨은, 무한정은 아닐지라도 토브룩 요새를 한동안 충분히 유지할 수 있으며 전쟁의 파도가 이집트 국경 쪽으로 밀려나가는 동안에는 그곳이 저항거점이 될 수 있을 것이라 생각

고정화기 역할을 하고 있는 기관총 MG34의 모습. MG34는 뛰어난 경기관총으로 삼각대 위에 올려놓고 사격을 하면 중(中)기관총 못지 않은 위력을 발휘했다. 삼각대를 사용하면 사선을 일정하게 유지할 수 있는 데다 훨씬 멀리까지 사격을 할 수 있었다. 영국군이 사용한 비커스 중(中)기관총과는 달리 공랭식(空冷式)이므로 사막에서 확실히 유리했다.(IWM MH6328)

했다.

니임과 오코너를 잃은 상태라 사령부를 재조직하는 일이 급선무였다. 4월 8일, 웨이벨은 호주 7사단장 존 라바락(John Lavarack) 소장을 대동하고 토브룩으로 날아갔다. 그는 일단 라바락 소장에게 시레나이카의 모든 부대를 지휘하도록 했다. 모스헤드에게는 토브룩 항구를 지휘통제하면서 그곳을 방어하게 했다. 이때 웨이벨은 모스헤드에게 이렇게 말했다.

"좋아, 귀관이 할 수 있다고 생각한다면, 그냥 알아서 다 해치워버리게."

웨이벨은 이 두 명의 호주군인들에게 간단하고 명료한 훈령을 주었다. 8주 동안 토브룩을 방어하라는 것이었다. 그럴 수만 있다면 사실상 롬멜의 전진하는 수레바퀴에 막대기를 질러넣는 셈이 될 터였다.

그러나 독일군이 토브룩 외곽을 지나쳐 더욱 멀리 전진하자 이와 같은 영국군의 조직체계는 와해되었다. 다시 육군중장 노엘 베레스퍼드-피어스 경(Sir Noel Beresford-Peirse)이 재조직된 서부사막군의 사령관이 되었다. 사방에서 긁어모은 병력들이 그의 지휘 아래 놓이게 되었다. 라바락은

영연방군이 처음 노획한 3호전차는 영국의 순항전차보다 질적으로 훨씬 우수했다. 최초의 시제품은 1936년에 등장했으며 다임러-벤츠가 주계약자로 선정되었다. 첫 번째 양산용 모델인 E형 350대가 프랑스 전투에 참가했다. 처음에는 표준화의 이점을 살리기 위해 37밀리미터 전차포가 도입되었지만 곧 부적합하다는 결론이 났다. E형으로부터 H형에 이르는 모델들은 모두 사진에 보이는 것처럼 50밀리미터 Kwk39 L/42전차포를 장착했다. (TM 2258/D1)

원래 자기 부대의 사단장으로 복귀했다.

롬멜은 모든 인원과 물자를 전방으로 집중시키기 위해 이리 뛰고 저리 뛰어다녔다. 그는 슈트라이히에게, 5경사단이 24시간 내에 토브룩 남쪽에 도달하기를 원한다는 내용의 간략한 지시를 내렸다. 사단에게 필요한 휴식과 정비 시간을 이틀 밖에 줄 수 없다는 의미였으며 최소한 4월 11일 성(聖)금요일 아침까지는 바르디아 도로를 차단하여 토브룩 수비대의 탈출로를 봉쇄하라는 뜻이었다.

호주군의 마지막 대대가 토브룩 영내로 들어간 4월 10일, 애초에 롬멜은 영국군이 곧 붕괴될 것이며 수에즈 운하까지 밀려나게 될 것이라고 말했지만 결과적으로 완전히 틀린 말이 되었다. 전투 양상에도 근본적인 변화가 있었다. 4월 10일 이전까지는 토브룩에 대한 어떠한 공격도 불가능했고, 그 틈에 호주군은 지뢰를 매설함으로써 적의 진입을 막아버렸다.

웨이벨이 토브룩 요새의 확보를 결정하는 순간, 롬멜에게 적합한 자유로운 기동과 적진교란의 형태에서 진지전으로 전투방식이 바뀌었다. 두

방식은 그 성격에서 천지차이였다. 참을성이 부족한 롬멜에게 진지전은 어울리지 않았다. 반면 모스헤드에게는 최선의 전투형태였다. 모스헤드가 병사들 사이에 모습을 드러내면, 병사들은 가능한 한 최대한의 경의를 표하곤 했다. 모스헤드는 병사들에게 이렇게 선언했다.

"이곳은 절대 됭케르크(Dunkerque, 프랑스 북부의 항구도시로, 제2차 세계

토브룩을 향해 사격중인 독일군 105밀리미터 곡사포의 모습. 눌러앉은 채 포위작전을 펼 수밖에 없는 상황이 되자 독일군 사단들은 야포가 부족해졌다. 결국 대규모 임시편성 부대인 104포병사령부가 창설되었다. 이 사령부는 수많은 소규모 부대들을 통제했는데, 그중에는 포위포대(주로 프랑스 등지에서 노획한 대포들로 구성된)도 있었다. (IWM MH5568)

대전 당시 영국군과 프랑스군이 필사적인 후퇴작전을 벌인 곳으로 유명하다—옮긴이)가 되지 않을 것이다. 만약 우리가 요새 밖으로 나가야 한다면, 우리가 싸워서 길을 열 것이다. 항복도 없고, 퇴각도 없다."

병사들은 아무도 그의 말을 의심하지 않았다. 요새를 사수하기로 결정하고부터 웨이벨은 확고하게 모스헤드를 지지했다. 모스헤드의 지휘를 받는 부대는 호주 보병 외에도 기마보병 형태의 인도 18기병대, 영국 왕립 노섬벌랜드 퓨질리어 연대 1대대 소속 비커스 중기관총 중대 및 이들을 지원하는 왕립기마포병대 3연대의 대전차포, 호주 2/3대전차포연대 등이 있었다. 왕립기마포병대 1(에섹스 기마의용병)연대와 104연대의 야전포병, 왕립포병대 51야포연대에 더하여 이집트로부터 위험을 무릅쓰고 사막을 가로질러 4월 9일 늦게 도착한 왕립기마포병대 107(사우스 노팅엄셔 후사르)연대가 또한 그의 지휘 아래 들어왔다.

그외의 기타 부대들은 바다로 수송되었다. 여단본부와 함께 도착한 대공포부대는 1RTR의 본부대와 2개 전차대대, 초라한 몰골의 A9 및 A10, A13 순항전차 22대, 마틸다전차 4대로 줄어든 4RTR과 함께 여단본부가 통합지휘하게 되었다. 퇴각 과정에서 살아남은 3기갑여단의 인원과 (소수의) 경전차, 장갑차들은 모두 전임 5RTR의 대대장이었던 헨리 드류(Henry Drew) 중령의 지휘를 받게 되었다.

이 무렵 롬멜은, 자신이 이미 승리했으며 가만히 기다리기만 해도 철조망 안에 갇힌 영국군(그 수가 3만 명이나 될 줄은 롬멜도 몰랐다)은 곧 항복할 것이라고 믿었다. 롬멜의 부대들은 시레나이카로 향하는 도로상에 길게 늘어선 채 대책없이 지쳐 있는 상태였다. 하지만 부대의 휴식이나 정비 따위는 롬멜의 머릿속에 들어있지도 않았다. 그는 바로 동원이 가능한 부대만으로 즉시 공격을 개시하려고 했다. '바로 동원 가능한 부대'란 브레시아 사단 포병대의 엄호를 받는 프리트비츠 휘하의 1개 분견대뿐이었다.

롬멜과 프리트비츠 사이에서 간단한 논의가 오갔다. 데르나를 공격하는 데 1개 대대만으로 충분했으므로 프리트비츠의 병력은 충분히 토브룩을 공략할 수 있다는 내용이었다. 롬멜은 슈트라이히의 반대를 무시하고 기갑부대 지원을 위해 올브리히(Friedrich Olbrich) 대령이 이끄는 5전차연대에게 진격을 명령했다.

하지만 공격 당일 프리트비츠는 새벽녘에 롬멜이 깨워야 할 정도로 오랜 행군에 지쳐 곯아떨어져버렸다. 롬멜은 영국군에게 또 다른 됭케르크를 허용했다고 그를 질책하며 곧바로 공격개시를 명했다. 물론 이후의 상황은 롬멜의 생각과 전혀 다르게 전개되었다. 그의 성급함으로 인해 프리트비츠는 결국 목숨을 내놓아야 했다.

프리트비츠는 서둘러 공격을 개시했지만, 왕립포병 51야포연대와 왕립 노섬벌랜드 퓨질리어 연대 1대대의 집중사격을 받고 허둥댔다. 그 와중에 프리트비츠의 차량이 대전차포의 직격탄을 맞았다. 프리트비츠의 사망소식을 듣고 롬멜은 이렇게 말했다.

"우리가 너무 적은 것으로 너무 많은 것을 바랐던 모양이군. 그래도 어쨌든 우리는 현재 유리한 위치에 있어."

롬멜은 서둘러 국경선까지 진출하도록 부대들을 독촉했고, 토브룩 외곽진지에 대한 정찰은 직접 수행했다(토브룩 요새를 만든 건 이탈리아군이었지만, 정작 그들은 자신들이 만든 요새에 관한 그 어떤 도면도 제공하지 못했다). 다음날 롬멜은 슈트라이히의 5경사단에게 다시 정찰을 해보라고 명령했다.

전혀 앞이 보이지 않을 정도로 불어대는 강력한 모래폭풍 때문에 전차부대와 브레시아 사단 포병대 간에 효율적인 협력이 어려운 상황이었다. 그럼에도 불구하고 엘아뎀 도로의 양측면을 따라 호주 20여단을 목표로 한 공격이 시작되었다. 포나트는 8기관총대대를 이끌고 호주 2/17대대의 병력과 맞섰다. 처음으로 실전에 임한 2/17대대 병사들은 독일군의 포탄과 총알 세례를 받고 당황했다. 그러나 땅에 엎드려 꼼짝 못하게 된 쪽은 오히려 포나트의 병사들이었다. 호주군의 소총사격은 정확했고, 은폐된 포병대의 지원사격도 계속되었다. 독일군 전차들이 지축을 흔들며 지원에 나섰지만 영국군 측에서도 1RTR과 야전포대들이 전투에 합세했다. 영국군 포병대는 진지를 바꾸지 않고도 대포 40문으로 모든 방어구역을 전부 엄호할 수 있도록 배치되어 있었다. 무엇보다 그들은 탄약을 많이 확보하고 있었다.

이 전투는 30분간 지속되었다. 올브리히의 5전차연대는 대전차호(對戰車壕)와 마주치기도 했는데, 그들은 이런 방어시설의 존재를 알지 못했다. 집중사격의 표적이 된 상태에서 전진이 불가능해진 독일군 전차들은 결국 철수해버렸다. 독일군은 이 전투에서 3호전차 1대와 M13전차 2대, L3소형전차 1대를 잃었고 영국군 1RTR은 2대의 순항전차를 잃었다.

좀더 서쪽에서 포나트의 병사들이 참호를 파려고 애를 썼지만 땅의 상태가 여의치 않았다. 그들은 하는수없이 대충 땅바닥을 긁어내고 최대한 납작하게 엎드려 있어야 했다. 포나트의 병사들은 이런 불편한 자세로 하룻밤을 보냈다. 다음날에도 그들은 그런 상태로 버텨야 했는데, 그동안 롬멜은 슈트라이히와 올브리히를 호되게 꾸짖었다. 롬멜은 당시 공격을 재개해야 한다고 고집을 부리며 슈트라이히에게 이렇게 말했다.

"귀관의 직접적인 지휘 하에 최대한의 결단력을 가지고 공격이 수행되기를 기대하네."

포나트는 새로운 명령을 수령하기 위해 몸을 노출한 채로 자신의 위치에서 포복으로 기어나와야 했다. 그가 수령한 명령은, 올브리히의 장갑차들이 실패한 임무를 자신의 지친 병사들을 데리고 완수하라는 것이었다. 포나트의 병사들은 야음을 틈타 대전차호를 건너 독일 전차가 건너갈 수 있도록 돌파구를 마련해야만 했다. 한편 모스헤드는 2/17대대 진지에서 약 3,000미터 남쪽 지점에서 적의 병력이 하차하는 장면을 관측했다. 그는 그 부분에서 공격이 있을 것으로 예상하고 이에 맞춰 대포와 전차를 배

빅토리아 십자훈장 서훈의 에드몬슨 상병은 배와 목에 중상을 입은 상태에서도 적을 추격하여 공격했다. F. A. 맥켈(Mackell) 중위는 당시 상황을 이렇게 묘사했다. "나는 땅바닥을 뒹굴며 독일군 한 명과 힘겨운 격투를 벌이고 있었는데 다른 독일군 한 명이 권총을 들고 내게 다가왔다. 나는 큰소리로 잭을 불렀고 14미터쯤 떨어진 곳에서 에드몬슨이 나를 돕기 위해 달려왔다. 그리고 총검으로 독일군을 둘 다 처리했다. 그리고 계속 돌진하여 적어도 한 명 이상의 독일군을 더 죽였다." 전우들이 그를 진지로 옮겼지만 그는 다음날 숨을 거뒀다.(AWM 100642A)

치했다. 야포와 대전차포도 인근 진지로 전환배치되었다.

4월 13일 17:00시에 맞춰 추축군 중포(重砲)의 엄호사격이 거점 R31과 R32에 떨어졌다. 한 시간 후, 포나트의 병사들은 200공병대대의 지원을 받아 방어선 외곽에 도달하여 돌파구를 뚫기 위한 작업을 개시했다. 이때 전방의 움직임 소리를 듣고 일단의 호주군 병사들이 포나트의 병사들을 찾아나섰고 곧 격렬한 백병전이 벌어졌다. 이 전투로 존 에드몬슨(John Edmondson) 상병은 사후(死後)에 빅토리아 십자훈장을 받았다. 다른 곳에서는 포나트의 병사들이 거점 R33 후방까지 침투하는 데 성공하여 마침내 돌파구를 만들어냈다. 4월 14일 05:00시, 드디어 올브리히는 자신이 지휘하는 5전차연대 2대대에게 요새 안으로 진격하라는 명령을 하달할 수 있었다.

적의 돌파가 이루어졌음을 알게 된 모스헤드와 여단장 머레이는 돌파구를 봉쇄하기 위해 적절한 후속 조치들을 취했다. 날이 밝자 전진하기 시작한 독일의 전차부대는 측면으로부터 대전차포 사격을 받았다. 전방에는 왕립기마포병대의 야포들이 있었다. 독일 전차부대는 진퇴양난의 상황에 빠져버렸다. 슈트라이히는 전투상황을 제대로 파악할 수 없었으며, 모든

4월 13일~14일 독일 공격

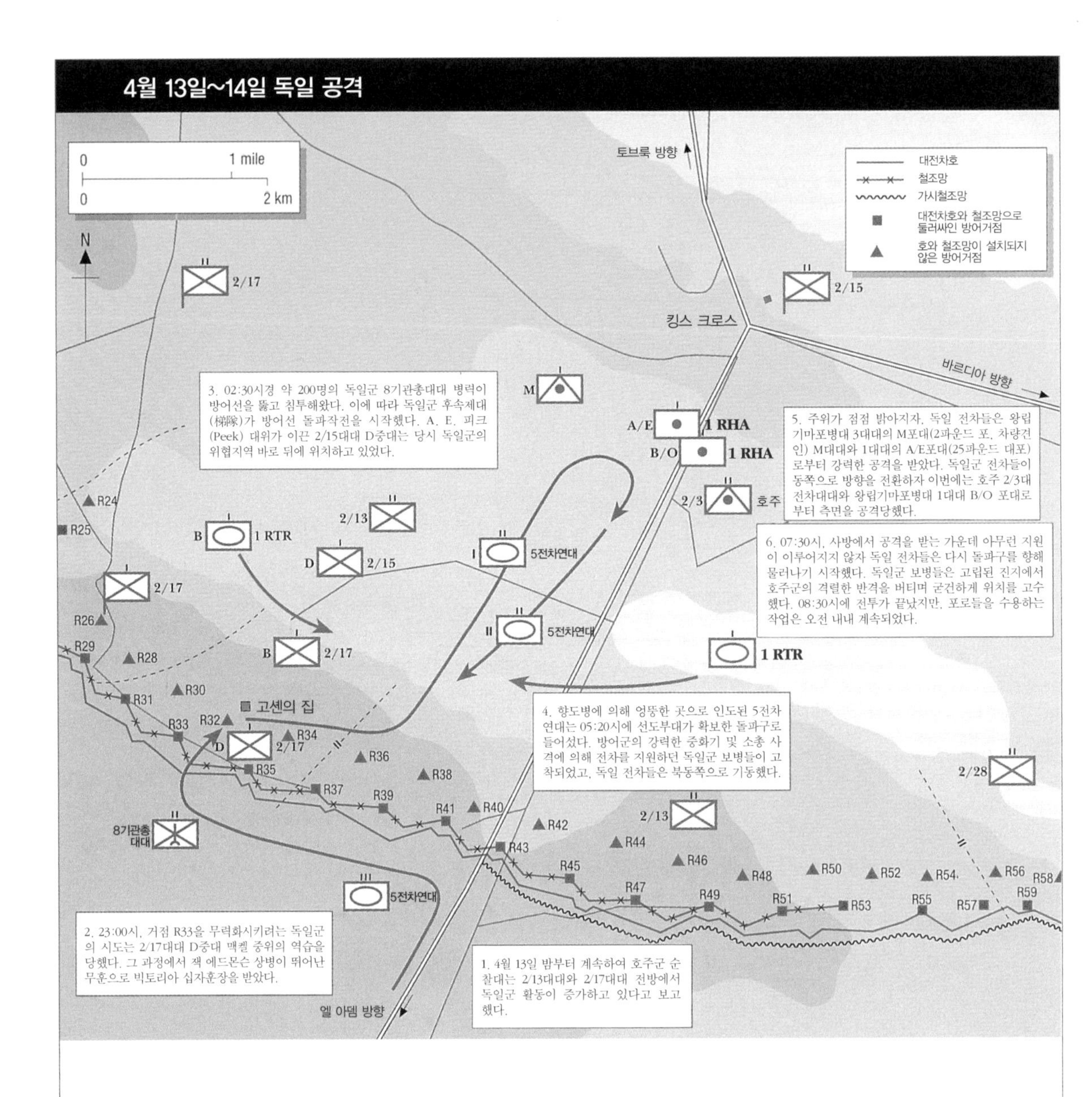

혼란 속에서 겨우 상황을 파악했을 때 전투는 이미 끝난 상태였다.

영국 왕립포병대 공식 부대사(部隊史)는 이 전투를 다음과 같이 기록했다.

"1번 포에서 발사된 첫 포탄이 선두 전차를 화염에 휩싸이게 했다. 2번 포의 첫 발 역시 또 다른 전차의 포탑을 깨끗이 날려보냈다. …… 곧이어 15대 이상의 적 전차가 75밀리미터 포 및 기관포로 아군에게 사격을 가해 오기 시작했다."

독일 전차들은 500미터 이내까지 접근했지만, 격렬한 저항을 우회할 수 있는 다른 전진로를 찾아야만 했다. 진로를 바꾼 그들은 뒤따라오던 1대대 전차들과 뒤섞이게 되었다. 양 대대는 2/3대전차연대와 1RTR의 저항에 부딪쳤으나 1RTR은 곧 후퇴했다. 독일군의 요아힘 쇼름(Joachim Schorm) 중위는 동일한 상황을 반대편 입장에서 이렇게 묘사했다.

"이제 우리는 뒤에 오던 1대대 전차와 마주치게 되었다. 우리 전차 중 일부는 이미 마녀의 가마솥 같은 곳에서 불타고 있었다. …… 내 운전병은 이렇게 보고했다. 엔진이 더이상 정상적으로 작동하지 않습니다! 브레이크도 말을 듣지 않습니다! 변속기 작동도 몹시 어렵습니다! …… 통로가 눈에 들어왔다. 다들 급히 그리로 몰려들었다. 적의 대전차포는 밀집된 전차들을 향해 포격을 가했다. …… 이제 대전차호와 돌파구가 보였다. …… 우리의 전차는 거의 파괴될 뻔했지만 간신히 위기에서 벗어났다. 승무원들은 젖먹던 힘까지 다 쏟아내면서 적의 사정거리를 벗어나 기지로 돌아왔다."

이 전투로 독일군은 불과 20분만에 17대의 전차를 잃었다. 전차를 지원하는 임무를 맡았던 보병들도 전혀 전진하지 못했다. 독일군 보병들이 전진을 시도하는 순간 호주군은(전차는 그대로 통과시켰다) 곧바로 사선에 병력을 배치하여 개미 한 마리 통과시키지 않았다. 2/17대대 B중대는 포위된 독일군 8기관총대대에게 반격을 가했다. 포나트는 전사했고, 아프리카전쟁이 시작될 무렵 1,400명이었던 그의 대대는 이제 300명으로 줄어들었다.

롬멜은 만족할 수 없었다. 4월 15일, 아리에테 사단 전차의 지원을 받는 이탈리아 보병이 S13과 S17 거점을 공격했으나 곧 격퇴당했다. 다음날 롬멜은 또 다른 공격을 직접 지휘했다. 이탈리아 62연대가 라스엘마다우르(Ras El Madauur)에서 감행한 공격작전이었다. 그러나 집중사격을 받게 된 이탈리아 전차는 곧바로 철수해버렸다. 롬멜이 위협도 하고 달래도 보

1941년 5월 토브룩에 있는 1RTR 소속 A49순항전차의 모습. 레아 리키(Rea Leakey) 대위는, 전차가 포탄에 맞았을 때 전차 안에 있는 사람이 느끼는 공포에 대해 다음과 같이 설명했다. "아담스가 이렇게 소리쳤다. 중대장님, 전차에 불이 붙었습니다! 나는 이렇게 명령했다. 전원 탈출! 내가 보니 아담스는 안전하게 전차 밖으로 나갔고, 우리 둘은 전차 앞쪽으로 달려가 다른 승무원들의 상태를 확인했다. 포수 하나는 사망했다. …… 나머지 한 명은 전차 옆에 누워 있었다. 그 병사는 나를 올려다보며 미소를 지었다. 그의 다리는 포탄에 맞아 무릎 아래부터 절단된 상태였는데, 아무 쓸모없게 된 다리가 약간의 살점에 의해 몸에 붙어 있었다. '중대장님, 이거 잘라 주십시오. 아무 쓸모도 없거든요.' 나는 그의 말대로 했다."(TM 2258D3)

았지만 이탈리아 지휘관은 전쟁터로 다시 돌아가려 하지 않았다. 잠시후 이탈리아군은 호주 2/48대대 소속 장갑차 소대의 반격을 당했다. 그 과정에서 97명이 포로로 잡혔다. 독일군 장갑차 1대가 현장에 나타나 사격을 시작했지만, 거의 동시에 이탈리아군 1개 대대 전체(장교 26명, 사병 777명)가 호주군의 외곽방어선으로 도주해 항복해버렸다. 나중에 발견되었을 때, 이들은 음식과 식수를 제대로 공급받지 못해 갈증과 굶주림에 시달리고 있었다. 그들 중 많은 이들은, 무리한 작전을 요구한 독일군에 대한 혐오감을 굳이 숨기려 들지 않았다. 반면에 방어부대의 희생자는 전사 26명, 부상 64명이었다.

다른 곳에서는 독일군이 어느 정도 성공을 거두었다. 영국의 기동부대가 국경선을 따라 작전을 펴고 있었지만, 22(근위)여단은 4월 27일 할파야 패스(Halfaya Pass)에서 밀려났다. 이로써 전선은 소파피(Sofafi)와 시디바라니(Sidi Barrani)를 잇는 선으로 고정되었다. 이러한 성공에도 불구하고 롬멜은, 증원부대 및 휴식과 정비 없이는 더이상 전진할 수 없다는 사실을 마침내 받아들이지 않을 수 없었다. 이탈리아군의 아리에테 사난은 겨우 전차 10대로 줄어들었고, 그나마도 2대는 독일군 대전차포에 파괴된 상태였다. 병력과 장비, 장교들까지 모든 면에서 보충이 필요했다. 다수의 장교들이 희생되어 그들을 교체할 인원이 필요했지만, 롬멜은 슈트라이히와 올브리히를 제일 먼저 교체하기로 결정했다.

:: 5월 전투

롬멜은 첫 패배를 당한 다음날 아내에게 다음과 같이 편지를 썼다.

"아프리카에서는 아직 중대한 사건이 없다오."

그러나 패배는 분명 '중대한 사건'이었다. 거침없이 북아프리카를 횡단하던 그의 돌진이 호주군의 서슬푸른 총검에 제지당한 것이다. 그것은 롬멜에게 새로운 경험이었다.

영국의 웨이벨 또한 패배를 경험했다. 다만 웨이벨은 이곳뿐만 아니라 발칸반도에서도 패배를 당해야 했다. 발칸반도의 전황은 더욱 악화되어 독일군은 신속하게 그리스를 유린해버렸다. 다시 한 번 영국의 해외원정군은 중장비 대부분을 남겨둔 채 해군의 구조를 받으며 그리스에서 철수해야 했다. 조직이 와해된 채 패잔병들은 크레타 섬으로 퇴각했지만 그곳에서도 그들의 앞날은 별로 밝아지지 않았다. 곧바로 웨이벨은 이라크의 반란에 직면했고, 비시 프랑스(Vich French) 정부가 지배하는 시리아와 레바논을 침공해야 하는 상황에 직면했다. 이렇게 다양하고도 처치곤란한 문제들 때문에 이렇게 많은 괴로움을 당한 지휘관은 역사상 아마 없을 것이다. 그럼에도 불구하고 처칠은 끊임없이 '결과'를 요구했다. 그는 웨이벨의 '보유 병력'과 실제 야전에 배치된 전력 사이의 커다란 격차에 대해 불만을 터뜨렸다. 그는 사막에서의 부대활동에 따르는 어려움을 전혀 이해하지 못했다.

언젠가 웨이벨은 이렇게 말한 바 있다.

"현대전에 대해 생각하면 할수록, 그것은 점점 더 행정상의 전투라는 생각이 들었다."

방어선 도처에는 '오지(奧地)포대(Bush Artillery)'들이 깔려 있었다. 오지포대란, 이탈리아군으로부터 노획한 대포들 중에서 디거(Digger, 호주군)들이 기본적인 포병교육만 받은 후 열심히 사용했던 대포에 붙인 별명이다. 사진 속의 2/17대대도 오지포대에 해당된다. 경악한 초급장교 한 사람이 자신의 대대장에게 이렇게 말한 적이 있다. "그 녀석들은 고각을 높이고 싶으면 이렇게 말합니다. '거시기를 좀더 세워!' 사격명령이란 것도 이렇게 합니다. '구멍 찾아 쏴!'" 이 오지포대의 첫 번째 조준 단계는 포신을 통해 적을 바라보는 것이었다. 이탈리아군이 포를 버리면서 조준장치를 떼어버렸기 때문이었다. 그러나 포위전이 계속될수록 점점 더 많은 조준장치가 새로 노획되거나 아예 새로운 조준방식이 고안되었다.(AWM 020280)

롬멜은 이제 한 걸음 뒤로 물러나 15기갑사단의 도착을 기다려야만 하는 처지가 되었다. 토브룩 요새에서는 어느새 '포위전'의 양상이 빠르게 정착되고 있었다. 외곽방어선은 '레드라인(Red Line)'이라고 불리게 되었다. 레드라인 뒤쪽에서 시작되는 일련의 진지들이 형성한 2차 방어선은 '블루라인(Blue Line)'이라고 불렸다. 이들 방어선에서 대대적인 진지 공사를 벌인 호주병사들은 '땅개(Digger)'라는 별명을 얻게 되었다. 이들은 늘 '3F' 때문에 시달림을 당했는데, 파리(Flies), 벼룩(Fleas), 그리고 비행기(Fliers)였다.

처음부터 요새 상공에서 활발한 작전을 펼치던 독일공군은 이제 요새 시설물에 대한 공습을 더욱 강화했다. 4월 17일에는 50대의 슈투카 폭격기들이 공습을 가했고, 이튿날에는 새벽 03:00시부터 동틀 무렵까지 단독으로 공습을 가해왔다. 엘구비(El Gubbi)에서 작전을 펼치던 영국공군 73비행대대의 허리케인 전투기들은 작전 가능한 항공기가 5대로 줄어 있었다. 4월25일, 영국 공군 258비행대대는 15대의 허리케인 비행기만 토브룩 주위에 분산배치하고 결국 철수해버렸다. 6비행중대만이 토브룩에 남아 점차 소모되어 가는 전력이 허용하는 최대한의 전술정찰 임무를 수행했다.

모스헤드 장군도 그냥 앉아서 기다리지만은 않았다. 추축군이 라스엘마다우르에 관심을 갖고 있다는 사실을 분명하게 확인한 그는 4월 22일 밤에 야간습격을 감행했다. 이 작전으로 350명 이상의 포로를 잡았으며, 적을 기만하기 위한 양동작전을 통해 별도로 87명의 포로를 더 확보했다. 호주군도 전사 24명, 부상 및 실종 22명이라는 피해를 입었다. 며칠 후, 이탈리아군이 라스엘마다우르를 목표로 또 다시 공격을 감행했으나 심각한 손실을 입고 격퇴당했다. 방어거점 209(Trig Point 209)에 롬멜이 특별한 관심을 갖고 있다고 판단되자 모스헤드는 대책을 강구했다.

4월의 끝이 다가올 무렵, 포대의 사격을 동반한 독일군의 공습이 한층 가열되었다. 이러한 분위기는 최정점의 순간이 점점 더 가까워지고 있는

토브룩 전투 초기의 악몽 같은 상황에서 살아남아 포로로 잡힌 독일군 8기관총대대 병사들. 자주 언급되곤 하는 사막전투의 한 가지 양상은, 다른 전선들과는 달리 양측 병사들 사이에 적대감이 없었다는 점이다. 북아프리카 전투는 상대적으로 '깨끗한' 전쟁이었다. 물론 가끔은 추악한 사건이 벌어지기도 했지만, 양측 포로와 부상자들은 상당히 합당한 처우를 받을 수 있었다.(AWM 007475)

듯한 인상을 주었다. 롬멜이 거점 209에 관심을 보인 것은 분명했지만, 모스헤드는 공격의 초점이 그곳에 집중될지 여부를 여전히 확신할 수 없었다. 어쨌든 모스헤드는 7RTR D중대의 마틸다전차 6대를 포함한 증원을 받았다.

한편 롬멜의 성공에 대한 독일의 반응은 롬멜이 기대했던 것과는 달랐다. 롬멜은 훈령을 무시하거나 자기 권한을 넘어서는 행동을 통해 본국 상관들의 화를(아마도 시기심까지) 돋우었다. 특히 육군최고사령부 참모장인 프란츠 할더(Franz Halder) 대장의 반대가 심했는데, 얼마전 베를린을 방문한 롬멜은 그를 가리켜 '돌대가리'라고 불렀고, 할더는 롬멜의 "무분별한 요구"를 비난했었다. 할더는 "그 군인이 완전히 미쳐버리지 않도록 충분한 영향력을 행사할 수 있는 유일한 인물"인 프리드리히 파울루스(Friedrich Paulus) 중장을 아프리카에 파견하기로 결정했다. 4월 27일 아프리카 현지에 도착한 파울루스는 3일 뒤로 예정되어 있는 롬멜의 공격계획을 처음에는 승인하지 않았다. 그러나 곧 마음이 약해져 아프리카에 머물며 공격을 지켜보기로 했다.

영국 해군 예비부대 장교이자 청동수훈십자장 서훈자인 알프레드 '페들러' 팔머(Alfred 'Pedler' Palmer) 대위의 모습. 독일군의 가짜 등대불빛에 속아 해안으로 유인된 팔머는 8시간 동안 저항하다 포로가 되었다. 포로가 된 후에도 수없이 탈출을 시도했고, 1943년 9월 10일에는 탈출을 시도하다 팔에 관통상을 입었다. 부상당한 팔은 결국 절단해야 했다. 그는 1944년 9월에 영국으로 송환되었다. (AWM 020800)

4월 30일 19:00시, 호주군은 라스엘마다우르 서쪽으로 약 3킬로미터 떨어진 지점에 적의 부대가 집결하는 모습을 관측했다. 저녁해가 떨어지자 이 병력은 강력한 대포사격의 엄호를 받으며 전진하여 거점 S3과 S5 부근에서 방어선 안으로 침투했다. 이윽고 공병과 보병이 거점의 좌우로 침투하면서 각 거점은 하나하나 무너졌다.

모스헤드는 방어선이 심각한 공격을 받고 있음을 알았지만, 이미 모든 전화선은 적의 일제사격으로 인해 끊어진 상태였다. 51야포연대와 거점 209에 위치한 관측소 사이의 유선망은 19:15시에 끊어졌다가 20:45시에 복구되었다. 유선망이 복구되자 통신병은 "우리는 모두 무사하다"며 보고했지만 전화선은 곧 다시 끊어졌다. 자정 무렵에는 이 초소도 유린되었고, 독일군이 얼마나 깊숙이 침투했는지 더이상 파악할 수 없었다.

물론 모든 것이 공격자의 계획대로 되지는 않았다. 거점 S13과 S7, S8은 여전히 호주군이 견고하게 장악하고 있었고, 브레시아 사단이 제공한 다수의 돌격부대들은 독일군 104보병연대의 우익에 돌파구를 확보하는 임무에 실패했다. 104보병연대는 불과 이틀 전에 현지에 도착한 신참부대였다.

롬멜은 당시 상황을 이렇게 기술했다.

"적은 완강하게 저항했다. 심지어 부상병조차 자발적으로 방어에 임했다."

롬멜의 시간표는 계속 지연되고 있었다. 한편 모스헤드는 롬멜의 작품에 스패너를 집어던질 채비를 하고 있었다. 그는 7RTR 소속 마틸다전차를 필라스트리노(Pilastrino) 쪽으로 전진배치시켜 전투준비를 갖추도록 했는 독일 5경사단 소속 전투공병들이 지뢰를 찾기 위해 분투하는 동안 인근의 방어거점으로부터 사격을 받고 있다. 이것은 5월 1일 토브룩 외곽방어선에 대한 공격을 묘사한 그림이다. 호주군의 방어거점은 위장이 잘 되어 있었기 때문에 지뢰탐색 임무를 두 배로 어렵게 만들었다. 전차부대는 외곽방어선을 돌파하여 전진했으므로 전투공병들은 적절한 지원도 받지 못한 채 뒤에 남겨졌다. 과거의 경험에 비추어 독일군은 일단 외곽방어선에 구멍이 뚫리면 모든 진지들이 곧 붕괴될 것이라고 생각했다. 그러나 모스헤드의 호주군은 그렇게 순순히 포기하지 않았다. 4월 30일부터 5월 3일 사이에 있었던 공격으로 독일군은 상당한 면적의 돌출부를 차지하게 되었지만, 방어하는 입장에서도 방어선을 안정화시키는 데 성공한 셈이었다.(짐 로리어 그림)

데, 여기에는 1KDG의 장갑차들과 3후사르 근위연대 소속 경전차들도 참여했다. 호주 18여단은 대대 규모의 반격을 준비하고 있었다. 이 병력은 상황이 생각보다 심각해질 경우 적의 돌파구를 봉쇄하는 데 투입될 예정이었다. 그러나 롬멜의 다양한 양동작전으로 모스헤드는 무엇이 주공이고 무엇이 양동작전인지를 분별할 수 없게 되었다.

날이 밝자 모스헤드에게 도움의 손길이 뻗쳐왔다. 새벽 무렵 거점 209

공습을 당하고 있는 토브룩의 모습. 독일군은 공습 방법을 끊임없이 변화시켰다. 나중에는 영국해군의 페들러 팔머 대위가 조잡하지만 안전한 항법을 개발할 때 독일군의 야간공습이 필수요소가 되었을 정도였다. 이 항법은 바다 쪽으로 멀리 우회한 다음 폭탄의 섬광과 대공포 불빛을 향해 배를 돌리는 방법이었다. 하루는 그가 토브룩에 입항하려는데 하필 공습이 없었다. 그는 이렇게 말했다. "달도 없고 빌어먹을 공습도 없는데 나더러 어떻게 입항하라는 거야?"(IWM E5127)

쪽으로 안개가 몰려왔던 것이다. 롬멜은 현 위치에서 후방에 있는 적군의 방어거점들을 제거하고 전투단을 재편성해야만 작전의 다음 단계에 돌입할 수 있다는 보고를 받았다. 08:00시까지 다음 작전을 연기하는 수밖에 다른 방도가 없었다.

07:15시, 안개가 걷혔다. 영국군 전방관측장교들은 라스엘마다우르 주변에서 적 전차 30대의 출현을 보고했고, 그 숫자는 이내 40에서 60으로 점차 늘어났다. 게다가 항공정찰에 의해 관측된 적 전차는 훨씬 더 많았다. 모든 적 전차들은 전날 돌파당한 방어선의 틈을 향해 움직이고 있었다.

롬멜은 08:00시에 전차부대를 출격시켰다. 그들은 2개 전투단으로 나뉘어 1대는 와디기아이다(Wadi Giaida)와 51야포연대의 진지 쪽으로 진격했고, 나머지 1대는 돌파구에서 우측으로 전진하여 외곽방어거점들의 후방을 목표로 했다. 첫 번째 전차부대가 돌파에 성공하면 정오에는 토브룩 시내가 함락될 판이었다. 쇼름(Schorm)은 그 전날 일기에 다음과 같이 기록했다.

"나는 부대장과 함께 키안티(Chianti: 이탈리아산 붉은 포도주—옮긴이)를 한 잔씩 마셨다. 우리의 갖고 있던 마지막 포도주였다. 토브룩에는 포도주가 많이 비축되어 있다고 하니 그곳에서 포도주를 더 확보해야겠다."

하지만 여단 대전차중대의 지원을 받으면서 전진로 바로 앞을 담당하고 있던 2/24대대의 예비중대는 쇼름과 전혀 다른 생각을 하고 있었다. 마지막 순간까지 사격을 억제하고 있던 2파운드 대포는 첫 번째 독일군 전차를 화염에 휩싸이게 만들었고 이어서 다른 전차들에게도 명중탄을 날리기 시작했다. 그러다 결국 독일군 전차에 밀려 퇴각하기는 했지만 보병은 여전히 상황을 지켜보며 그대로 대기했다. 잠시 후 또 다른 독일 전차 한 대가 천천히 움직이다 정지하더니 화염과 연기를 내뿜기 시작했다. 이어서 다른 독일 전차도 순차적으로 똑같은 운명에 처했다. 독일 전차들의 무한궤도는 벗겨지고 구동장치는 폭발했다. 모스헤드가 교묘하게 설치해둔

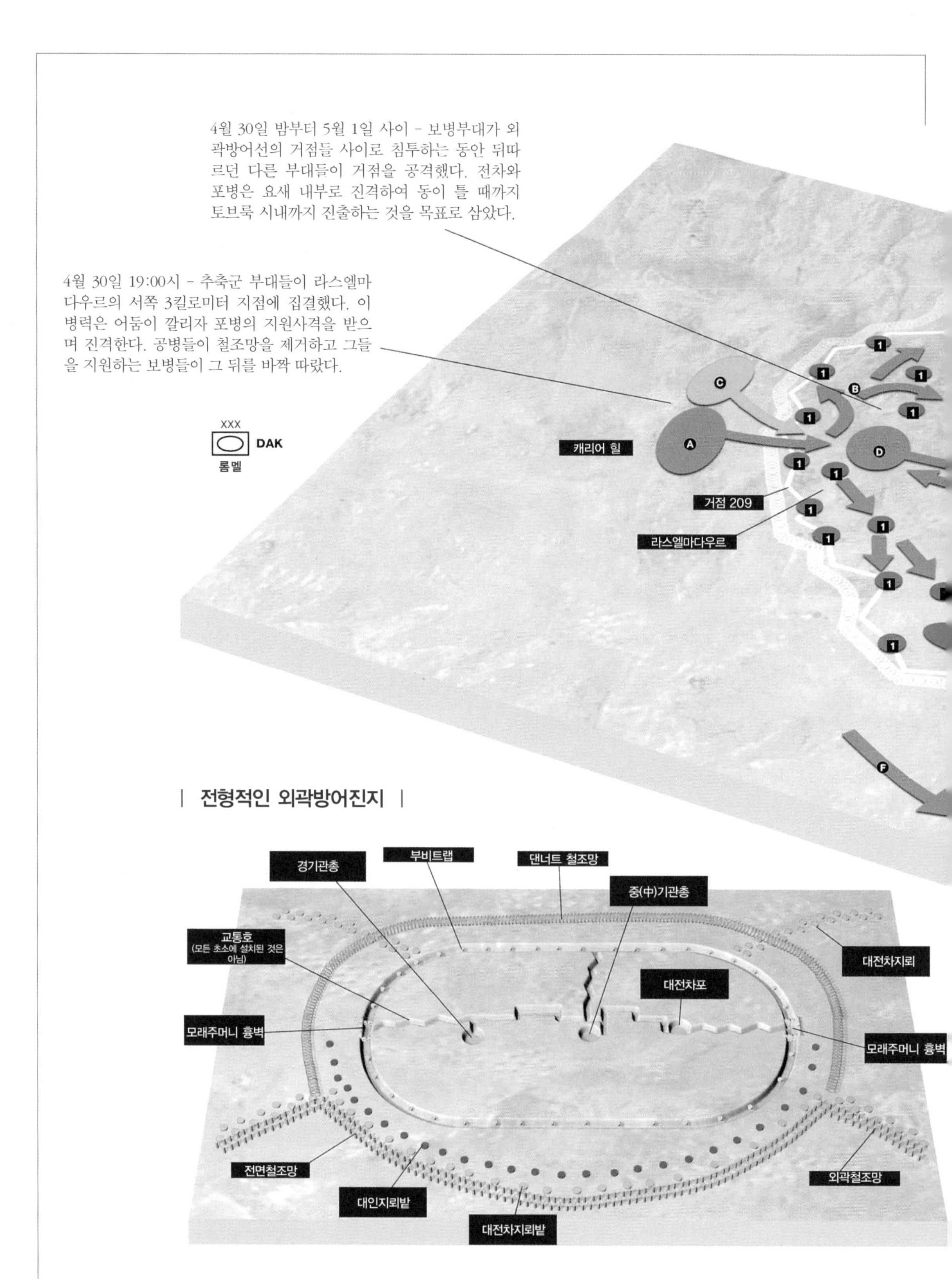

4월 30일 밤부터 5월 1일 사이 – 보병부대가 외곽방어선의 거점들 사이로 침투하는 동안 뒤따르던 다른 부대들이 거점을 공격했다. 전차와 포병은 요새 내부로 진격하여 동이 틀 때까지 토브룩 시내까지 진출하는 것을 목표로 삼았다.
4월 30일 19:00시 – 추축군 부대들이 라스엘마다우르의 서쪽 3킬로미터 지점에 집결했다. 이 병력은 어둠이 깔리자 포병의 지원사격을 받으며 진격한다. 공병들이 철조망을 제거하고 그들을 지원하는 보병들이 그 뒤를 바짝 따랐다.
XXX
DAK
롬멜
캐리어 힐
거점 209
라스엘마다우르
| 전형적인 외곽방어진지 |
경기관총
부비트랩
댄너트 철조망
중(中)기관총
교통호
(모든 초소에 설치된 것은 아님)
대전차지뢰
대전차포
모래주머니 흉벽
모래주머니 흉벽
전면철조망
대인지뢰밭
대전차지뢰밭
외곽철조망

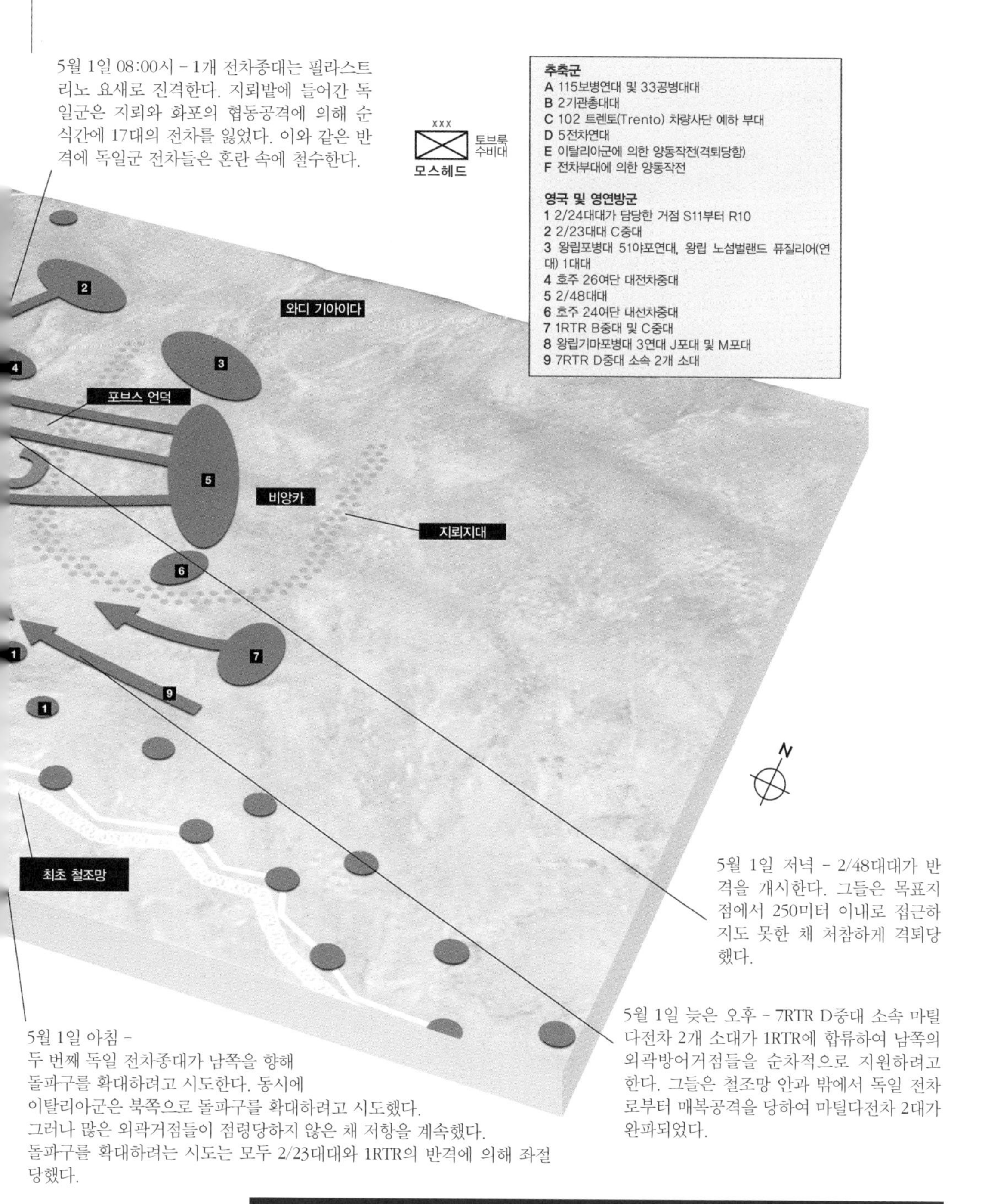

롬멜의 라스엘마다우르 공격

1941년 4월 30일~5월 1일. 남쪽에서 본 모습. 이 요도(要圖)는 4월 30일 밤과 5월 1일까지 지속된 추축군 부대의 초기 공격양상을 보여준다.

2/4종합병원이 속해 있던 건물이 공습을 받은 모습. 이 공습에 의해 사상자는 발생하지 않았는데, 공습 당시 이 병원에 있던 사람들이 모두 건물 한쪽 끝에 모여 동전치기를 하고 있었기 때문이다. 그러나 모든 사람들에게 행운이 따른 것은 아니었다. 또 다른 공습으로 30명 이상의 환자와 위생병이 사망했다.(AWM 022120)

새로운 지뢰밭이었다.

이 전투는 2시간 이상 더 지속되었으나 그 결과는 일찌감치 결정되었다. 지뢰밭 가장자리에서 꼼짝 못하게 된 독일군 장갑차들은 51야포연대와 21여단 대전차중대의 공격을 받는 신세가 되어 급히 방향을 바꿔 퇴각하려 했다. 이런 일이 벌어지는 동안 외곽방어거점들은 불같은 감투정신(敢鬪精神)으로 전투를 벌이고 있었다. 거점들을 사주방어(四周防禦)진지로 만들기 위해 호주군이 쏟아부은 노력이 이제 보상을 받고 있었다. 원래는 독일과 이탈리아 전차들이 거점을 방어하는 병력들을 고착시킴으로써 보병의 공격을 지원하려고 했지만, 하루 종일 전투가 지속되어도 방어병력의 견제작전은 별로 성과를 보이지 못하고 있었다. 독일군은 방어거점

S5와 S6, S7, S8, S9, S10을 무력화하는 데만 아침시간을 전부 보내야 했다. 거점 주둔 부대의 전차들도 전투에 개입할 수 있는 위치에 있었다. 전투는 대단히 격렬했으며 그 과정에서 순항전차 2대가 파괴되었다.

마틸다전차는 예비로 남겨둔 채 모스헤드는 반격작전을 계획했다. 그리고 그날 하루 종일 방어군 포병대의 협동사격으로 인해 독일군이 증원병력을 투입하거나 돌파구를 확대하려는 시도는 계속 방해를 받았다. 슈투카 급강하폭격기들이 몇몇 거점들을 제압하려고 했지만, 포신이 너무 달아올라 사격이 불가능할 때를 제외하고는 영연방 부대의 포들이 끊임없이 불을 뿜었다.

정오가 지나면서 모스헤드는, 롬멜이 방어선 안으로 침투했으며 언덕을 장악했다는 사실을 알게 되었다. 그러나 롬멜의 시간표 역시 차질을 빚은 것이 분명했다. 추축군이 돌출부를 확고하게 장악하기 전에 반드시 반

토브룩 항구에서 교전 중인 폼폼(pom-pom) 대공포의 모습. 당시 모든 함정들은 동원할 수 있는 모든 자동화기를 설치하여 대공방어를 강화했다. 토브룩 항구에서 총 7척의 배가 침몰했지만 교전행위는 결코 중단되지 않았다. 수송선 레이디버드(Ladybird)의 경우, 침몰하여 선저가 바닥에 닿은 상태에서도 대공화기에 인원을 배치했다.(IWM E4977)

격을 시도해야 했다. 7RTR의 마틸다전차가 반격에 나서야 했지만, 적이 거점 R11과 R12를 공격하는 중이라는 보고가 들어오자 반격은 연기되었다. 대신에 마틸다전차들은 R11과 R12로 파견되었으며 1RTR의 순항전차가 그들을 지원했다.

1935년, 소형 전차로 이미 어느 정도 경험을 축적한 독일군은 본격적인 주력전차를 생산하기 위해 구체적인 설계사양서를 만들었다. 그 사양이 의도한 전차는 두 가지 형태였다. 하나는 대전차포(3호전차)를 장비했고, 다른 하나는 첫 번째 유형의 전차를 지원하기 위한 목적으로 파괴력이 큰 고폭탄을 발사하는 대구경포를 장비했다. 이 두 번째 전차가 75밀리미터 KwK L/24 대포를 장착한 4호전차이다. 이 사진은 영국군이 노획한 첫 번째 4호전차의 모습이다.(TM 2258/D2)

1941년 5월 5일 오전 방어선 배치도

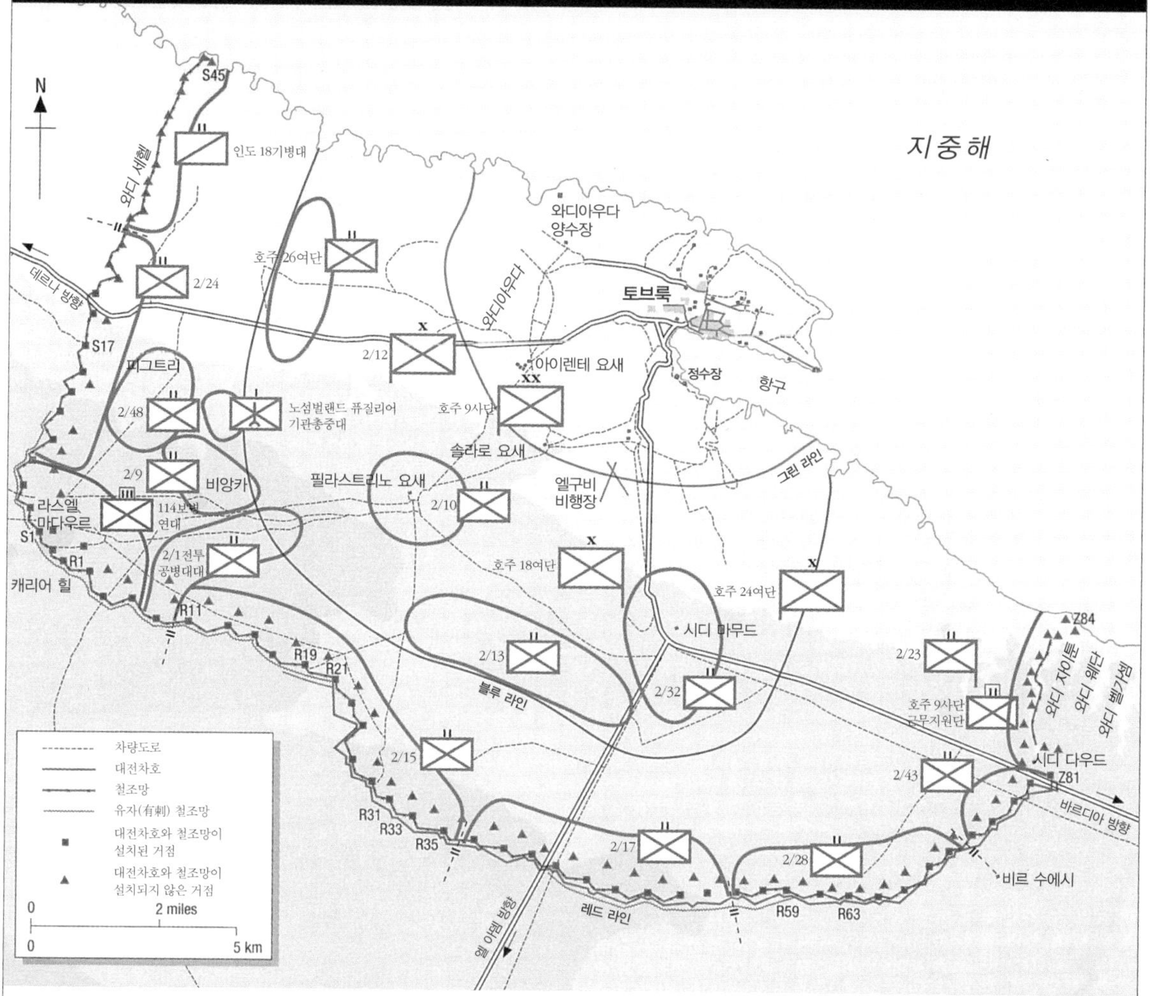

마틸다전차들은 금세 심각한 위기상황에 직면했다. 독일군 전차들은 3면에서 공격을 가했고, 마틸다전차 2대가 곧 파괴되었다. 추가로 2대가 작전불가능 상태에 빠졌고, 이어서 순항전차도 2대가 파괴되었다. 하지만 독일군은 공격을 계속 추진하는 데 실패했고, 결과적으로 영국군 소규모 전차부대의 개입은 전술적으로 성공을 거둔 셈이었다. 독일군은 자신의 힘을 지나치게 과대평가했다. 해가 질 무렵 철수하게 된 쪽은 독일군이었다.

그러나 마틸다전차가 2대나 파괴되었다는 사실은 큰 충격이었다. 독일군의 88밀리미터 대전차포에 희생되었을 가능성도 있었지만, 어쨌든 이로써 마틸다전차가 '사막의 여왕(Queen of the Desert)'으로 군림하던 시기는 종말을 고한 셈이었다. 마틸다전차가 전장을 빠져나가는 동안 2/48대대는 반격을 위해 전진하고 있었다. 하지만 두 부대의 역할이 바뀌면서 2/48대대는 심각한 피해를 입고 격퇴당했다. 주병력은 공격목표 250미터 이내로는 아예 접근조차 할 수 없었으며 공격이 진행되는 내내 계속 사상자가 발생했다. 모스헤드는 21:30시에 반격명령을 취소하지 않을 수 없었다. 그러나 이 정도 노력만으로도 독일아프리카군단의 전진을 멈추게 하는 데에는 충분한 효과를 발휘했다.

노동절(5월 1일)이 거의 다 지났지만, 롬멜은 자신이 그토록 자신했던 것과는 달리 토브룩 시내에 진입하지도 못한 채 또 한 차례의 패배를 당하고 말았다. 비록 4.8킬로미터 정도의 외곽방어선과 15개의 거점을 장악하긴 했지만 전차부대의 돌격은 격퇴당했고 끔찍할 정도로 많은 사상자가 발생했다. 한 보고서는 당시 상황에 대해 이렇게 기록했다.

"독일군 병력, 특히 장교들의 손실이 극심했다. 이들은 적 보병의 소총사격, 위치가 식별되지 않은 벙커에서 쉴새없이 날아온 대공기관포, 적 포병대의 중화기에 당했다. 부대 평균 사상자 비율은 무려 50%에 달했고, 경우에 따라 이보다 더 높은 부대들도 있었다."

호주군은 완강했으며, 호주군의 소총사격은 독일군이 그 전에 상대해 본 그 어떤 적보다도 커다란 희생을 강요했다. 독일군에게 더욱 안 좋은 소식은, 그날 작전에 참가했던 81대의 전차 중에서 다음날 아침에도 기동할 수 있는 전차가 35대에 불과하다는 사실이었다.

다음날 아침, 지금까지의 전투 결과로 형성된 돌출부 너머로 공격을 재개하겠다는 독일군의 희망은 심각한 모래폭풍으로 좌절되었다. 모래폭풍이 불면 기갑부대의 상호협동작전은 불가능했다. 이 틈에 모스헤드는 호주 18여단과 왕립 노섬벌랜드 퓨질리어 연대 1대대로부터 병력을 차출하여 방어선의 돌파구를 틀어막을 수 있었다. 이날은 호주군 2/10대대와 독일보병 사이에서 벌어진 격렬한 전투가 전장을 지배했다. 독일군은 돌파구를 더욱 확대하려고 노력했지만, 왕립포병대의 화력지원을 받은 방어부대가 우위에 섰다.

방어군들이 아직 명확하게 인식하지는 못했지만, 기습공격으로 토브룩을 점령하려는 롬멜의 두 번째 대규모 시도는 이미 끝난 상태였다. 하지만 모스헤드는 자신의 방어선에 끼어든 침입자들을 완전히 몰아내고 싶어했다. 그는 다음날 공격을 통해 추축군의 돌출부를 측면에서 쥐어짜버리겠다는 계획을 세웠다. 공격을 담당한 호주 18여단은 3후사르 근위연대 소속 경전차대대의 지원 속에 야간공격을 시작했다.

하지만 불행하게도 이 공격은 성공하지 못했다. 독일군의 중(重)기관총은 공격자들의 일제사격을 방해했고, 공격의 북쪽 발톱에 해당하는 2/9대대와 가운데 발톱인 2/10대대의 진격은 곧 제지되고 말았다. 2/12대대는 남쪽에서 거점 R8을 재탈환하는 데 성공했지만 00:45시경에는 잔여병력의 조직이 붕괴되면서 철수하지 않을 수 없었다. 03:30시가 되자 모든 공격부대가 전면철수했다.

이 공격으로 호주 18여단은 150명의 사상자를 냈지만 다시 한 번 독일군에 중대한 영향을 미쳤다. 쇼름은 이 전투와 관련하여 다음과 같이 기술했다.

"영국군은 (말 그대로) 보병으로 공격했다. 그것은 진짜 공격이었다."

독일군들은 시레나이카에서 그랬던 것처럼 요새 수비대를 깔아뭉개고 돌진할 수 있을 줄로만 알았지 진지전이 호주군의 주특기임을 알지 못했다. 모스헤드는 이렇게 말했다.

"우리는 패배를 당하기 위해 여기 있는 것이 아니라 패배를 안겨주기 위해 여기 있다."

그는 말 그대로 독일군에게 패배를 안겨주었다. 추축군의 사상자 총수는 장교 53명, 사병 1,187명에 달했다.

호주 해군 워터헨(Waterhen) 함과 병원선 비타(Vita)의 모습. 비타 함이 토브룩에 도착한 지 2시간도 지나지 않아 항구는 40대 이상의 급강하폭격기들로부터 공습을 받았다. 비타 함은 12대의 폭격기로부터 격렬한 공격을 받아 해변에 좌초되었다. 하지만 그 직전에 워터헨 함이 비타 함에 있던 부상자 437명과 의사 6명, 간호사 6명, 일반 환자 47명을 인계받아 그들을 안전하게 알렉산드리아로 이송했다.(AWM PO1810.001)

노동절 전투 이전까지만 해도 토브룩 거주자들은 자신들이 포위되었다는 사실을 거의 인식하지 못했다. '하하 경(Lord Haw-Haw)' 이라는 이름으로 독일을 위한 선전방송에 출연한 '배신자' 윌리엄 조이스(William Joyce)는 그들을 '들쥐들' 이라며 조롱했다. 하지만 정작 들쥐들 본인은 그 별명을 일종의 칭찬으로 받아들였다.

파울루스 장군의 개입으로, 이제 롬멜은 보다 정공법에 가까운 전략을 채택할 수밖에 없었다. 토브룩 요새를 고사시킨다는 전략이었다. 추축군 부대들은 일련의 거점을 중심으로 적군의 출입과 출격을 저지하는 한편, 항구에 물자를 공급하려는 영국해군을 공군력으로 방해하기 시작했다.

이 무렵 롬멜은 또 다른 문제를 안고 있었다. 시레나이카를 횡단하는 유일한 자갈포장도로인 비아발비아(Via Balbia)는 토브룩의 외곽방어선을 지나 토브룩 시내로 이어졌다. 따라서 롬멜의 부대들은 거친 아크로마(Acroma) 도로를 따라 엘아뎀으로 빠진 뒤 거기서부터 크게 우회하여 다시 비아발비아에 합류해야만 바르디아에 도착할 수 있었다. 추축군 수송대열들이 이렇게 장거리를 이동할 수밖에 없다면 차량의 마모와 고장이 크게 증가하게 되는 것은 물론, 언제라도 출격 가능한 영연방 습격대의 시야에 수송종대가 취약하게 노출된다는 뜻이었다. 유일한 대안은 트리그엘압드(Trigh el Abed)라 불리는 또 다른 통로였다. 트리그엘압드 경로는 아크로마 경로보다 더 깊은 사막의 황무지를 통과하고 있었다. 때문에 요새를 둘러싼 일련의 거점들은 호주군을 가두어둔다는 의미 말고도 롬멜의 수송종대를 보호하는 수단이 될 수 있었다.

요새 외곽방어선의 길이 때문에 거점들은 연속적인 고리형태로 배치되지 못하고 돌출부가 앞으로 튀어나온 형태가 되었다. 돌출지점의 거점에는 독일군이 영구적으로 배치되었다. 호주군은 즉각 독일군이 점령한 돌출부를 조금씩 잠식해 들어오면서 최대한 그 면적을 줄이려 했다. 곧 양 진영은 2열로 된 참호와 포좌들을 사이에 두고 서로 대치하게 되었는데, 그 모습은 25년전(1차대전 당시) 프랑스의 플랑드르에서 양측이 대치했던 모습과 너무나 유사했다. 다른 점이 있다면 그 당시에는 땅이 진흙이었고 지금은 모래와 먼지라는 것뿐이었다.

그 외의 다른 지역에서는 각 구역마다 다양한 형태의 거점들이 배치되었다. 소규모 청음소(listening post)로부터 대대급 부대가 방어하는 대형진지들까지 다양한 규모의 거점들이었다. 독일 측의 거점 공사는 주로 이탈리아 병사들이 맡았다. 토브룩 요새를 포위하고 있는 부대와 훨씬 더 동쪽에 주둔하는 국경방어부대까지 보급지원을 하기 위해 요새 외곽을 우회하는 도로를 건설하는 일도 이탈리아군의 몫이 되었다. 이런 방어시설들이 속속 구축되는 동안 공격은 10비행군단이 맡았다. 4월까지만 해도 롬멜은 예상되는 적군의 철수를 막기 위해 독일공군의 관심을 토브룩 항구에 집중시켰다. 하지만 이제는 적의 철수가 아니라 적의 재충전이나 병력증강을 막기 위해 항구에 신경을 곤두세우게 되었다.

당시 토브룩 항구에 보급과 증원을 제공하는 책임을 맡고 있던 커닝엄은, 트리폴리에 대해 함포사격까지 실시하라는 영국 해군성의 요구에 시달려야 했다. 하지만 그는 트리폴리 포격이 아무런 실효 없는 작전이라는 견해를 갖고 있었다(그의 주장이 옳다는 사실이 나중에 입증되었다). 얼마 후 그는 영국 원정군을 그리스로부터 철수시켜 크레타와 이집트로 수송하는 임무까지 맡게 되었다. 그 과정에서 해군은 많은 손실을 입었지만 5만 명 이상의 병력을 구출해내는 데 성공했다.

5월말, 그는 또 다시 1만8,000명의 병사를 크레타로부터 철수시키는 작전을 벌여야 했다. 커닝엄은 다시 한 번 많은 대가를 치르면서도 확고부동한 용기로 그 작전을 완수했다. 이와 같은 영국해군의 지원이 없었다면 영국육군은 지중해에서 그 어떤 작전도 수행할 수 없었을 것이다.

:: 항구 상황

메르사마트루(Mersa Matruh)와 토브룩을 연결하는 해상수송로는 '스퍼드 항로(Spud Run, 여기서 'spud' 란 배의 밑바닥에서 해저로 길게 돌출된 장대를 말하는데 닻 대신 배를 계류시키는 데 사용되며 바지선들이 많이 사용한다—옮긴이)' 라 불리게 되었다(또는 '자살항로Suicide Run' 내지 '자폭노선Bomb Alley' 이라 불리기도 했다). 토브룩 수비대에게 물자를 공급하는 역할은 구축함들이 맡았는데, 다음과 같은 호주해군 구축함들이 포함되어 있었다. HMAS(His Majesty's Australian Ship) 스튜어트(Stuart), 뱀파이어(Vampire), 벤데타(Vendetta), 보이저(Voyager), 워터헨(Waterhen) 등('하하 경' 은 이들을 '고철 함대' 라고 조롱했다)이었으며 H. M. 왈러(Waller) 대령이 지휘했다.

242일에 걸친 토브룩 포위전 기간 동안 구축함들의 손실은 계속되었

대규모 공습에 직면하게 되면, 대공포 사수들은 사방에서 공격을 당하게 되는 위험을 감수했다. '고슴도치 전술(porcupine tactics: 각 포가 자기 정면만을 담당하게 하면서 360도 전방향으로 일제사격이 가능하게 만들며, 신관의 시간을 짧게 하여 근거리에서 포탄이 폭발하게 하는 전술)'을 사용함으로써 대공포 사수들은 적의 항공기가 가급적 지상에 근접하지 못하도록 압박했다. 10월 9일까지 4대공포여단은 확인전과(추락 장면을 육안으로 확인한 경우) 74대와 가능전과(추락을 확인하지 못한 경우) 54대를 비롯해 총 145대에 피해를 입혔다고 보고했다. 노획된 적의 자료를 통해 이 수치는 오히려 과소평가되었다는 사실이 뒤늦게 밝혀졌다.(IWM MH 5591)

다. 그들의 출발지인 알렉산드리아 항구의 방파제는 일명 '사형수의 감방(Condemned Cell)'이라고 불리게 되었다. 인도 선적(船籍)의 배로서 영국 해군에 취역시킨 HMS 피오나(Fiona) 함과 차클라(Chakla) 함은 작지만 매우 소중한 여객선이었다. 그 두 배는 영국 해군예비대 소속 장교들과 몇몇

대공사격용 삼각대 위에 거치된 브렌 기관총을 쥔 사수가 토브룩의 건물 잔해 속에서 사격을 가하는 모습. 대공사격은 모든 화기가 동원되는 교전이었다. 저공으로 비행하는 항공기에 대해 대구경포는 비효율적인 데다 극히 취약하기까지 했다. 브렌 기관총과 같은 소구경 무기들이 그다지 효율이 좋지 않을 것처럼 보일지 모르지만, 세심하게 발사 방향과 무기들을 조합하여 화망을 구성하면 적기가 어떤 방향에서 공격하든 화망에 걸려들게 할 수 있었다.(IWM E5136)

인도인 승무원들의 손에 운용되다가 4월에 침몰했다. 커닝엄은 이런 배들뿐만 아니라 노획한 이탈리아의 스쿠너(schooner, 범선) 및 오래된 그리스 상선까지 이 수송로에 강제로 투입했다.

롬멜이 호주군을 토브룩에서 쫓아내려 하다가 처음으로 실패한 직후, 즉 부활절 아침에 한 척의 트롤어선에 예인된 이상하게 생긴 배 3척이 대공포로 무장한 슬루프(sloop: 상갑판에만 함포를 장비한 소형 군함—옮긴이)

토브룩 전투는 임기응변식 전술의 걸작이었다. 병사들이란 원래 넝마주이 기질을 갖고 있지만, 그 중에서도 호주병사들은 매우 뛰어난 장인적 능력을 갖고 있었다. 호주군에서는 무엇이든 쓸모가 있는 물건이라면 곧바로 임무가 부여되었다. 사진의 사례는, 슈투카 급강하폭격기의 후방사수 코크핏(cockpit, 조종실 덮개)과 거기에 달려 있던 7.92밀리미터 MG13 기관총을 뒤집어 대공사격용 거치대로 사용하는 장면이다.(AWM 07973)

의 호위를 받으며 항구로 들어왔다. 이 배들이 도착하는 것을 지켜본 사람들 중에 그 정체를 아는 사람은 거의 없었다. 물론 나중에 수송작전에 참가하는 사람들은 대부분 이 배들과 중요한 인연을 맺게 된다.

전차상륙정(LCT, Landing Craft Tank) 18척에 해당하는 부품들이 배를 통해 중동으로 수송되어 수에즈 운하에서 조립되었다. 원래 이 전차상륙정들은 도데카니소스 제도(Dodecanese)에서 벌어질 상륙작전에 투입될 계획이었다. 하지만 이제는 포위된 항구에 물자를 공급하는 새로운 임무를 수행함으로써 커닝엄 휘하에서 훌륭하게 복무할 예정이었다. 이 배들이 갖춘 유일한 무장은 함교의 양옆에 장착한 2파운드 폼폼(Pom-Pom) 대공포 2문이 전부였다. 노획된 이탈리아 무기들 중에서 불필요한 부분을 뜯어내고 닥치는 대로 배에 갖다붙인 잡동사니 장비들이 이 대공포를 보조하고 있었다.

이 전차상륙정들은 정체를 숨기기 위해 'A' 라이터('A' Lighter: 라이터는, 대형선이 접안할 수 없을 때 화물을 나르기 위해 본선(本船) 옆에 대는 소형 바지선을 말함—옮긴이)라고 명명되었으며, 배의 측면에는 페인트로 'WDLF' 라고 적혀 있었다. 아마도 '서부사막 라이터 함대(Western Desert Lighter Flotilla)' 의 약자였겠지만, 이 배들의 승조원들은 '우리는 파리목숨이다(We Die Like Flies)' 라는 의미로 해석하곤 했다.

폭발물처리반의 활약은 전쟁 양상에서 종종 간과된다. 폭발물의 처리임무를 맡은 부대는 왕립육군병기대(Royal Army Ordnance Coprs)나 왕립공병대였다. 한편 영국해군과 공군에서도 폭발물처리반을 운용했다. 투하된 폭탄들 중 일부는 불발이 되기도 했고, 때로는 아예 처음부터 지뢰의 용도로 투하되기도 했다. 지뢰용으로 투하되는 폭탄들에는 지연신관이나 접촉시 폭발을 일으키는 각종 장치들이 설치되어 있었다. '5월 공습(May Blitz)' 이 영국 본토를 강타하고 있을 때 독일 10비행군단은 토브룩을 강타했다. 장소를 불문하고 폭발물을 처리하는 일은 엄청난 위험을 수반했다.(IWM E5525)

토브룩의 항구는 토브룩 전체에 혈액을 제공하는 생명선이나 마찬가지였다. 모스헤드는, 먼저 60일치 예비물자를 비축한 후에 별도로 하루 소모량에 해당하는 물자가 매일 보급되기를 희망했다. 물자비축은 7월이 되어서야 끝났다. 이 기간 동안 모든 보급선들이 몇 달에 걸쳐 밤낮없이 활동했는데, 배들은 출항가능 상태에 도달하자마자 곧바로 다시 출항하곤 했다. 처음에는 중상자와 포로를 철수시키는 일에 최우선 순위가 부여되어 비타(Vita) 함과 데본셔(Devonshire) 함이 동원되었다. 하지만 병원선들이 급강하폭격기의 공습을 당한 이후로는 부상자 수송 임무를 전적으로 구축함들이 담당했다.

5월 한 달 동안 영국해군은 1,688명의 인원과 2,393톤의 물자를 상륙시켰고, 요새 방어에 불필요하다고 판단되는 인원들과 포로들을 포함하여 총 5,918명을 철수시켰다. 5월 18일, 또 다른 병원선인 아바(Abah) 함이 급강하폭격기의 공습을 당했다. 전투함들이 아바 함을 지원해주었지만, 그 과정에서 HMS 코번트리(Coventry) 함의 부사관 A. E. 셰프톤(Shepton)이 전사함으로써 빅토리아 십자훈장이 서훈되었다.

5월 12일에는 수백 명의 수비대가 지켜보는 가운데 중국의 기지에서 온 낡은 포함 HMS 레이디버드(Ladybird) 함이 폭격을 당해 침몰했다. 레이디버드 함은 항구의 서쪽 끝에 정박해 있다가 15:00시 직전에 독일군의 짧은 공습을 만났다. 공습 항공기의 일부는 대공포대를 목표로 돌진했지만 나머지 폭격기가 이 포함을 표적으로 삼았다. 공습 개시와 거의 동시에 레이디버드 함의 후미에 폭탄이 떨어졌고, 이로 인해 후부 대공포 사수들은 모두 전사했으며 기관총 사수는 부상을 입었다. 잠시 후 또 다른 폭탄이 보일러실에서 폭발하여 중부갑판에 장착되어 있던 20밀리미터 브레다포의 사수들을 날려버렸다. 격렬한 화재로 인해 탄약저장고마저 폭발할 위험에 처한 데다 배가 우현 쪽으로 심하게 기울며 기름이 새어나가자 결국 퇴함명령이 떨어졌다.

2/15대대 소속 T. W. 풀스퍼드(Pulsford)는 우연히 부두 근처에 있다가 이렇게 기록을 남겼다.

"레이디버드는 우리의 오랜 친구였다. 병사들은 레이디버드가 해안을 오르내리며 수행했던 임무들을 높이 평가했다. 레이디버드에서 발사된 포탄이 날카로운 소리를 내며 우리의 머리 위를 지나 외곽방어선 너머의 독일군 진지를 박살내는 소리를 우리는 수도 없이 들었다. 하지만 더이상 그 소리를 듣지 못할 것이다. 오늘 그녀의 운명이 다했으므로 ……. 우리는 해변으로 달려가 육지로 실려나오는 승조원들을 지켜보았다. 많은 승조원들이 가슴이나 팔, 다리에 커다란 피부조각이나 불에 그슬린 살점을 달고 있었다. …… 한 거구의 사내가 그곳에 서 있었는데, 허리까지 벗겨진 그의 옆구리에는 커다란 구멍이 뚫려 있었고, 그곳으로부터 쉬지 않고 피가 흘러나와 몸통과 다리를 타고 흐르다 결국 땅바닥을 붉게 물들였다. 그는 아주 또렷한 목소리로 주변사람들에게 말했다. 친구들, 걱정하지 말게. 다음주면 우리는 또 다른 빌어먹을 배를 타고 있을 테니. …… 나는 그들을 내버려둔 채 그곳을 떠나왔다. 비록 그들은 터지고, 불타고, 죽어가고 있었지만 폭탄이나 화염으로는 결코 무너뜨릴 수 없는 정신을 간직하고 있었다. 말로는 표현할 수 없는, 하지만 여왕폐하의 해군장병들이라면 누구나 간직하고 있는 침착한 용기의 상징으로 나는 그들을 영원히 기억할 것이다."

독일군의 끊임없는 공습은 수비대뿐만 아니라 그들에게 물자를 보급하는 이들에게도 엄청난 긴장을 유발했다. 앤서니 에스크스털-스미스(Anthony Heskstall-Smith)는 다음과 같이 기록했다.

"나는 급강하폭격기보다 더 두려운 존재를 알지 못한다. 특히 바다에서라면 더욱 심하다. 육상에서라면 공습이 꼭 자신을 목표로 한다고 생각하지 않을 수도 있다. 하지만 바다에서는 공습의 목표물이 무엇인지가 너무도 분명해진다. 더욱 무서운 것은, 우리에게는 전혀 숨을 곳이 없다는 사실이다."

수송대가 일단 항구에 도착했다고 해서 모든 시련이 끝난 것은 아니었다. 물자를 하역하는 고된 일이 남아 있었다. 토브룩에서 하역작업을 감독하는 임무를 담당한 사람은 하역통제관인 J. 오셔네시(O' Shaughnessy) 중위(후에 중령으로 진급)였다. 그는 제1차 세계대전 때 무공훈장을 받은 적이 있는 인물이었다. 그에 상응하는 또 다른 인물이 해군 지휘관 F. M. 스미스(Smith) 대령이었다. 강인하고 두려움을 모르는 이 두 명의 장교는 부두 업무에 한껏 개성을 불어넣었다.

바지선 한 척이 상선 옆에서 석유를 하역하다 폭발을 일으켜 주변 바다가 온통 불길에 휩싸인 적이 있었다. 오셔네시 중위는 즉시 계단을 내리

달려 부두로 향했으며, 늙은 스미스 대령 역시 집무실의 사다리를 전속력으로 뛰어내려 그와 함께 단정에 뛰어올랐다. 에스크스털-스미스는 그날 밤 두 사람의 콤비가 일하며 보여준 모습을 절대 잊지 못할 것이라고 회고한다. 토브룩에서 가장 나이든 축에 속했던 두 사람은 가장 먼저 불타는 배에 뛰어올랐고 가장 늦게 배에서 내렸다. 그들은 자신의 안전 즉, 배가 언제든 폭발을 일으킬 수 있다는 사실을 잊은 채 소방호스에 인원을 배치하고 뜨거운 갑판에서 진화작전을 지시했다. 오셔네시는 포위전에서 살아남았지만 불행히도 스미스는 그 다음해에 교전중 전사했다. 스미스는 바다 냄새를 맡을 수 있는 곳에 묻혔고, 그가 수많은 배 위에서 진로를 안내하기 위해 사용했던 랜턴이 그의 무덤에 헌정되었다.

6월로 접어들면서 모스헤드는 휘발유 보급을 요청하는 긴급통신문을 발송했다. 6월 3일, 750톤의 휘발유와 각종 오일, 윤활유를 실은 '패스 오브 발하마(pass of Balhama)' 함이 파견되었다. 몇 주 후에도 동일한 작전이 반복되었는데, 이때의 호위함은 대공포 슬루프인 HMS 오클랜드(Auckland) 함과 패러매타(Parramatta) 함이었다. 6월 22일에 알렉산드리아를 출항하여 순조롭게 항해하던 수송선단은 6월 24일에 이탈리아의 사보이아(Savoia) SM.79 폭격기의 공습을 받았다. 수송선단은 일단 이들을 몰아내는 데 성공했지만, 오후 늦게 슈투카를 포함한 대규모의 독일 항공기들이 굉음을 울리며 급강하폭격을 재개했다. 그 과정에서 오클랜드는 폭탄 한 발을 함미에 명중당했고, 수면 위의 함미 구조물은 산산조각이 나버렸다. 방향타가 30도 꺾인 상태로 고정되어 버리는 바람에 거의 패러매타와 충돌을 일으킬 뻔했을 정도로 조함능력을 상실한 상태에서도 오클랜드의 함수포는 사격을 멈추지 않았다. 오클랜드는 결국 3발의 폭탄을 더 얻어맞았다.

첫 번째 폭탄은 응급실까지 뚫고 들어갔고, 두 번째 폭탄은 함교와 함께 그곳에 있던 승조원들을 날려버렸다. 세 번째 폭탄은 갑판을 뚫고 선저로 사라졌다. 배는 좌현으로 심하게 기울었다. 배를 포기하라는 명령이 떨어지는 순간 거대한 폭발음과 함께 이 작은 포함은 수면 위로 1.5미터나 솟아올랐다. 오클랜드는 그러고도 약 20초 동안 계속 수면 위로 들썩거렸다. 용골이 부서진 것이 분명했다. 많은 승조원들이 바다 속으로 몸을 날렸지만 나머지는 이미 죽거나 부상당해 움직일 수 없는 상태였다. 탑재하고 있던 단정이나 보트, 구명뗏목은 모두 전복된 상태였다. 18:29시, 화염과 검은 연기를 내뿜으며 배는 침몰했다.

패러매타가 생존자들을 구조하기 위해 침몰 장소로 다가왔을 때 독일군의 공습이 재개되었다. 패러매타의 함장은 물 위에 떠있는 사람들을 포기할 수밖에 없는 무서운 선택의 순간에 직면했다. 떨어지는 폭탄과 어뢰를 피하기 위해 지그재그로 기동하는 동안 주변에 있는 많은 생존자들을 죽일 수도 있었다. 그의 첫 번째 임무는 휘발유를 실은 배를 보호하는 것이었다. 패러매터의 함장이 임무수행을 위해 결국 배를 돌리자 그 배의 승조원들은 물 위에서 허우적거리는 사람들에게 구명뗏목과 구명줄, 각종 부유물들을 던져주었다. 그 동안에도 독일군 비행기들은 물 속에서 사투를 벌이는 사람들에게 기관총과 캐논포를 퍼부으며 지나갔다.

패러매타는 거의 30분 동안 독일 폭격기들과 사투를 벌였다. 고각을 높인 4인치 포가 슈투카 폭격기 한 대를 명중시켜 박살을 내기도 했다. 이 전투가 끝날 때까지 2대의 적기가 바다에 추락했고, 적어도 2대 이상의 적기가 포탄에 명중당했다. 마침내 해가 지면서 패러매타의 고난도 끝이 났다.

산산조각난 배의 잔해와 시체들로 가득한 바다 위에서 수송선인 패스 오브 발하마의 승조원들은 보트를 타고 있었다. 포탄이 떨어지기라도 하면 수송선의 화물이 폭발할지 모른다는 두려움 때문이었다. 그들이 수송선으로 돌아갈 즈음 벤데타 함과 워터헨 함이 현장에 도착했다. 그러나 패스 오브 발하마는 엔진이 복구되지 않았다. 워터헨은 수송선을 예인하고, 패러매타는 오클랜드의 생존자 160명을 싣고 메르사마트루에 있는 지하병원을 향해 전속력으로 항해했다.

워터헨은 간신히 패스 오브 발마하를 토브룩으로 예인하는 데 성공했다. 이것은 워터헨 함이 영웅적으로 수행했던 마지막 임무였다. 6월 29일, 워터헨과 HMS 디펜더(Defender)는 토브룩으로 접근하는 도중 포착당해 폭격기의 공격을 받았다. 워터헨의 엔진실에는 응급보수로 도저히 막을 수 없는 파공이 뚫렸다. 디펜더가 현측에 계류하여 워터헨의 승조원들을 수용하고 있을 때 독일군의 U보트가 등장했다. 디펜더는 U보트라는 새로운 침입자를 수중으로 쫓아버리고 워터헨의 예인을 시도했다. 그러나 워터헨은 이미 도움을 받을 수 있는 상태가 아니었다. 워터헨은 결국 오클랜드의 동반자가 되어 '자폭노선' 이라고 불리는 바다 속으로 사라졌다.

7월초가 되자 모스헤드가 원했던 60일분의 물자비축이 완료되었다. 이제는 주간에 항구에서 작업을 하기에 너무나 위험한 상황이었다. 대부분의 물자는 A 라이터가 실어날랐는데, 48시간마다 2척이 항구에 도착하여 200톤의 화물을 하역하도록 되어 있었다. 하지만 이 일정표는 제대로 지켜지기가 힘들었다. A 라이터들이 해상운항에 부적합했다는 이유도 있었지만 파도가 거의 없는 잔잔한 수면이 아니라면 라이터들은 제 속도를 내지 못했다. 라이터들 때문에 발생하는 부족분은 구축함들과 이탈리아로부터 노획한 4척의 낡은 스쿠너가 보완해야 했다. 구축함들 중에서 특히 스튜어트 함은 엔진에 고장을 일으켜 작전에서 제외될 때까지 총 22회를 왕복했고, 벤데타(Vendetta) 함은 총 28회의 수송임무를 수행했다.

가장 유명했던 스쿠너는 마리아지오반나(Maria Giovanna) 함이었는데, 청동수훈 십자장 서훈자이자 영국해군 예비대 소속의 퉁명스런 호주사내 알프레드 '페들러' 팔머(Alfred 'Pedler' Palmer) 대위가 함장이었다. 예전에 중국 상하이 만국상단(萬國商團: Shanghai Volunteer Corps)에서 근무하며 중국인 창기병중대를 지휘한 적도 있는 팔머 대위는, 토브룩에 있는 호주 병사들의 구원자가 되겠다는 결의를 다지며 실제로도 그 과업에 엄청난 에너지를 투여했다. 총 20회 수송임무를 완수한 그는, 배의 구색을 갖추기 위해 장착해둔 무기로 비행기 3대를 격추시킨 후 (육안으로는 확인하지 못함) 이탈리아군의 유인용 등화에 속아 배를 좌초시키고 포로로 잡혔다.

이렇게 영국해군은 토브룩의 육군을 지속적으로 지원했을 뿐만 아니라 그 과정에서 토브룩 수비대를 새로운 병력으로 교체하기까지 했다. 그러나 커닝엄은 훗날 이 수송작전과 관련하여 다음과 같은 기록을 남겼다.

"나에게 예지력이 있었다면, 그래서 요새를 지원하다가 파괴되고 사라져갈 함정들의 목록이 이렇게 길어질 것이라는 사실을 미리 알았더라면, 나는 처음부터 이 작전이 가능하다고 그토록 자신있게 말하지는 못했을 것이다."

육군준장 윌리엄 헨리 에워트 고트(William Henry Ewart 'Strafer' Gott)의 모습. 그는 '브레버티 작전' 때 영국군 기동부대를 지휘했다. 유능하고 경험 많은 사막전 지휘관이었던 그는 할파야패스를 확보한 것 외에는 가용한 병력으로 이렇다 할 성과를 거두지 못했다. 이 전투에서 독일 측은 3대의 전차가 파괴되고 12명이 전사했으며 61명이 부상당했고 185명이 실종되었다(또 상당수의 이탈리아 병사들이 포로가 되었다). 영국군의 사상자도 그와 비슷했으며(다만 더럼 경보병연대 1대대는 치명타를 입어 160명의 사상자를 냈다) 마틸다전차 5대를 상실하고 13대가 손상을 입었다.(TM 2256/E3)

:: 브레버티 작전

파울루스는 거점 209에 대한 공격이 "중요한 성공을 거두었다"고 본토에 보고했다. 아마도 본인 자신이 동의한 작전이었기 때문에 그런 식으로 보고한 것인지도 모른다. 하지만 이어지는 내용에서는, 아프리카군단이 전술적으로 어려운 상황에 처해 있으며 비정상적으로 늘어난 전선에서 지속적인 군수지원에 곤란을 겪고 있다고 덧붙였다(파울루스는 소련 침공이 곧 개시될 것이라는 사실을 알고 있었지만 롬멜은 그렇지 못했다).

롬멜은 조급하게도 요새에 대한 공격을 한 번 더 감행했다. 15기갑사단의 보병만이 활용가능한 상태였기 때문에 결과적으로 이 작전은 커다란 피해를 자초한 셈이었다. 그가 사단의 기갑연대를 기다리지 않았던 이유는, 적절한 정찰을 하지 않은 탓도 있겠지만 선천적인 성급함 때문이라고

3호전차가 솔룸의 전장으로 향하는 모습. 3호전차의 초기 장갑은 프랑스 전투 때만 해도 2파운드 대전차포에 대해 적절한 보호능력을 제공할 수 없었으나, 공장에서는 물론(두께가 최대 90밀리미터까지 보강됨) 일선에서도 지속적으로 개선되어 추가로 여러 장의 철판을 두르고 여분의 궤도를 확보했다. 이 전차에 장착된 L/42전차포는 포구속도가 느린 편이었지만 고성능 포탄을 발사했고, 영국군의 2파운드 대전차포보다 사정거리가 더 길었다. (IWM MH5588)

할 수도 있다.

파울루스는, 영국군이 토브룩에서 자발적으로 철수하지 않는다면 더 이상의 토브룩 공격은 무의미하다고 생각했다. 또한 독일아프리카군단은 토브룩과 바르디아, 솔룸 등의 지역이 누구의 지배 하에 있든 개의치 말고 군단 본래의 임무인 시레나이카 사수만 담당하면 된다고 생각했다.

독일군의 암호체계는 영국의 '울트라'에 해독당하고 있었다. 파울루스의 보고서에 담긴 내용은 적국에도 추가적인 반향을 일으켰다. 이에 처칠은 최소한의 공격만으로도 토브룩을 구원할 수 있다는 결론에 도달했다. 다시 한 번 '행동'을 요구하는 상부의 엄청난 압박에 시달리게 된 웨이벨 장군은 스스로 시기상조라고 생각했음에도 어쩔 도리가 없었다.

토브룩에서는 포위전이 일상생활로 정착되고 있었다. 모든 활동은 정찰과 공습, 사소한 작전행동들로 점철되었다. 보병이 부족한 상태에서 모스헤드는 호주 육군근무지원단(Australian Army Service Coprs)에서 인력을 차출해 보병의 숫자를 보충했다. 그때는 군수 및 수송 임무가 대체로 왕립육군근무지원단(Royal Army Service Coprs) 소속 부대들로 넘어간 상태였다.

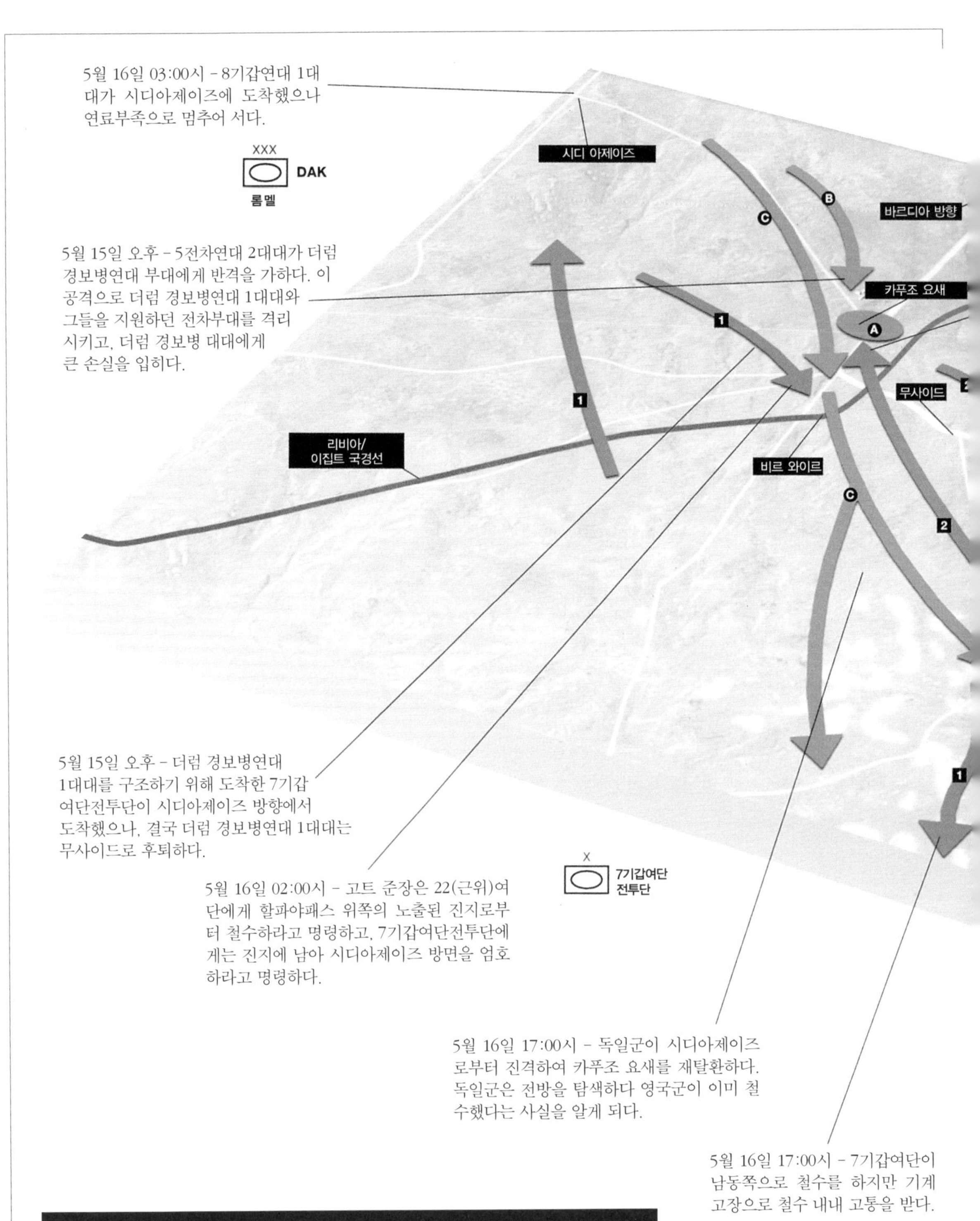

브레버티 작전

1941년 6월 15~17일 상황을 남쪽에서 본 모습. 웨이벨의 실패한 공세와 추축군의 대응양상이 잘 나타나 있다.

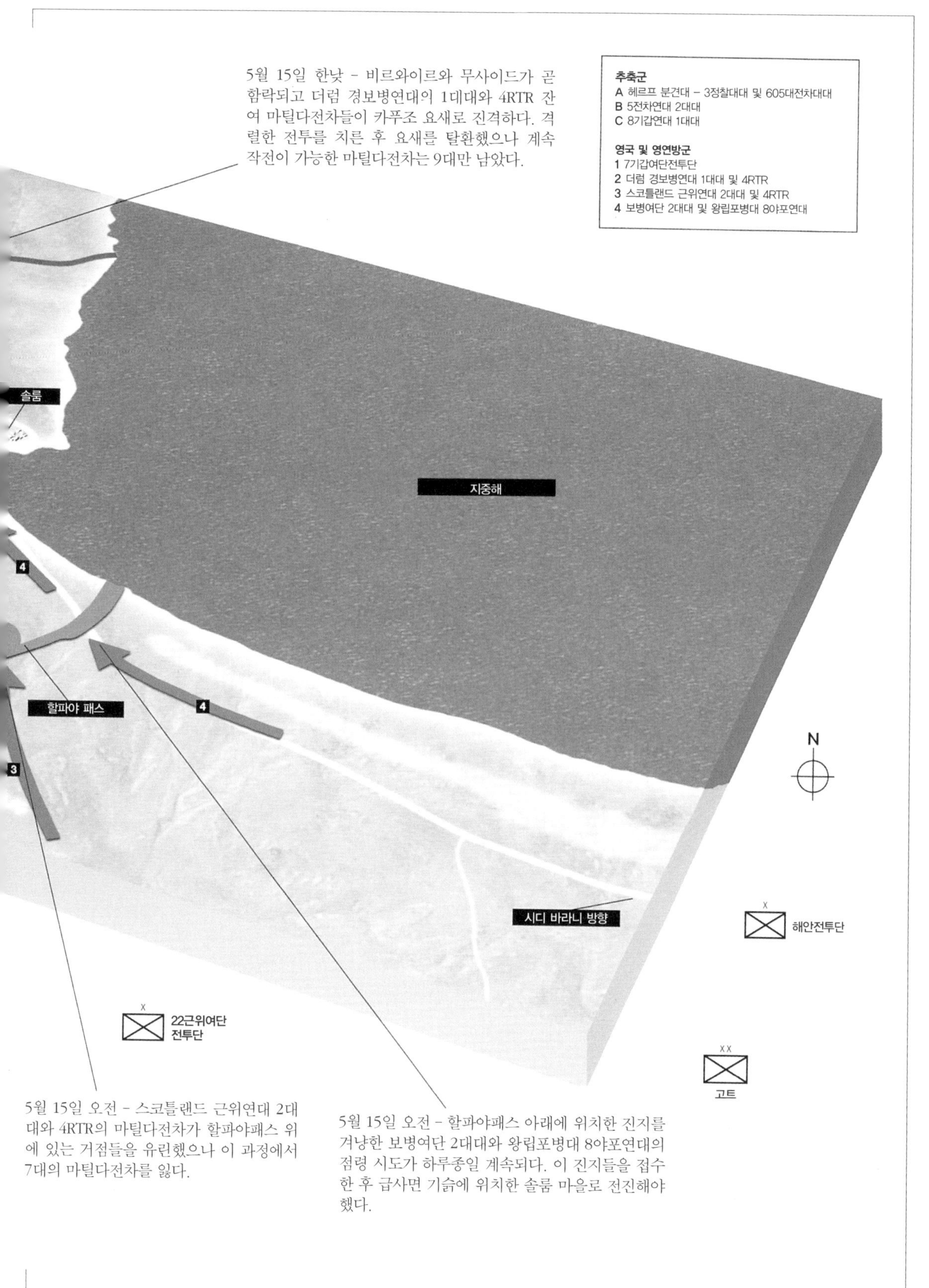
5월 15일 한낮 - 비르와이르와 무사이드가 곧 함락되고 더럼 경보병연대의 1대대와 4RTR 잔여 마틸다전차들이 카푸조 요새로 진격하다. 격렬한 전투를 치른 후 요새를 탈환했으나 계속 작전이 가능한 마틸다전차는 9대만 남았다.
추축군
A 헤르프 분견대 - 3정찰대대 및 605대전차대대
B 5전차연대 2대대
C 8기갑연대 1대대
영국 및 영연방군
1 7기갑여단전투단
2 더럼 경보병연대 1대대 및 4RTR
3 스코틀랜드 근위연대 2대대 및 4RTR
4 보병여단 2대대 및 왕립포병대 8야포연대
솔룸
지중해
4
4
할파야 패스
3
N
시디 바라니 방향
해안전투단
22근위여단 전투단
고트
5월 15일 오전 - 스코틀랜드 근위연대 2대대와 4RTR의 마틸다전차가 할파야패스 위에 있는 거점들을 유린했으나 이 과정에서 7대의 마틸다전차를 잃다.
5월 15일 오전 - 할파야패스 아래에 위치한 진지를 겨냥한 보병여단 2대대와 왕립포병대 8야포연대의 점령 시도가 하루종일 계속되다. 이 진지들을 접수한 후 급사면 기슭에 위치한 솔룸 마을로 전진해야 했다.

정비 트럭이 업무를 시작했다. 영국군 왕립육군병기대의 중요한 임무는 차량들이 움직이도록 하는 것은 물론 무기를 정상상태로 유지하는 것이었다. 야포와 대전차포는 토브룩 방어의 핵심요소였다(통상 각 연대마다 1개의 병기창을 갖고 있었다). 특별히 대공포의 경우, 대대적 공습이 있을 때마다 심하게 손상되곤 했지만 몇 시간만 지나면 어떤 대공포도 다시 사용할 수 있는 상태가 되었다.(TM 2021/A1)

한편 모스헤드는 기존 방어선에서 새로운 분기선을 형성하여 적이 장악한 돌출부를 봉쇄함으로써 2개 대대만으로도 돌출부 주변의 방어선을 유지할 수 있도록 하는 데 최선을 다했다. 또한 그의 역할은 가능한 한 많은 적을 자기 정면에 묶어두는 것이었다. 그는 정찰활동과 일련의 과장된 행동들을 통해 독일군으로 하여금 방어군이 거점209 고지에 대한 대대적인 반격을 계획하고 있다고 믿게 만들었다.

독일군은 즉시 돌출부에 대한 방어력을 증강했다. 그 결과 돌출부를 방어하는 독일군 병력은 104보병연대와 115보병연대, 33포병연대, 2기관총대대를 포함하여 대략 8개 대대로 늘어났다. 모스헤드는 비록 6월까지 자신의 방어선을 축소하는 데는 성공했지만, 적 점령 고지의 증강된 병력을 완전히 몰아낼 수는 없었다.

웨이벨은, 육군준장 W. H. E. '스트레이퍼' 고트('Strafer' Gott)와 영국 기동부대가 국경선을 따라 4월 한 달 동안 펼친 작전을 검토하던 중 영국군의 열악한 장비상황에 우려를 갖게 되었다. 사실 영국군은 그리스에서 너무나 많은 장비들을 잃어버렸다. 4월 21일, 이런 상황 인식에 따라 런던의 대영제국국방위원회는 좀더 짧지만 훨씬 더 위험한 지중해 항로를 통해 전차와 허리케인 전투기를 실은 '타이거 호송선단'을 이동시키는 방안을 승인했다. 이 호송선단은 웨이벨이 구상중이던 '배틀액스(Battleaxe) 작전'에 필요한 전력을 보충해주게 될 것이었다.

하지만 이에 앞서 웨이벨은 솔룸 지역에 먼저 타격을 가할 계획이었고, 수리창에서 수리를 마치고 나오는 모든 기갑부대 장비를 이번 작전에 할당할 수 있도록 조치를 취했다. 암호명 '브레버티(Brevity) 작전'은 고트 장군에게 위임되었다. 웨이벨은 고트에게, 적을 솔룸과 카푸조에서 몰아내는 동시에 가능한 한 많은 손실을 입힐 것과 아군 병력을 위험에 노출시키지 않으면서 최대한 토브룩 방향으로 전진하라는 지침을 내렸다. 할파

영국 장갑차들의 열악한 방탄능력에 대한 일반적인 대책은, 사진에서처럼 노획한 장비들을 약간 손질한 후 말몬헤링턴 전차에 장착하는 것이었다. 포탑을 제거하고 원시적인 방탄막이 그 자리를 대신했다. 이탈리아제 브레다 모델35에 탑재된 20밀리미터 L65대공포로 보이는 무기가 탑재되어 있다. 양측 군대는 서로 상대방의 무기를 광범위하게 활용했다. 사막전의 생명은 기동성이었기 때문에 이런 특이한 마운트를 장착한 차량이 갈수록 늘어났다.(IWM E2873)

야패스를 독일 헤르프 분견대(Herff Detachment)가 장악한 이래로 양측이 끊임없는 소전투를 벌인 덕분에 추축군의 전력은 비교적 정확하게 드러난 상태였다.

고트의 계획은, 7기갑여단전투단(7th Armored Brigade Group)과 함께 평행한 경로를 취하는 3개의 종대로 나누어 진격하는 것이었다. 2RTR과 29대의 순항전차, 7기갑사단의 전투지원단에서 파견된 부대로 3개의 '조크' 종대('Jock' Column)가 구성되었다('조크 종대'는 소규모로 임시편성된 병과합동전투단을 말하는데, 보다 자세한 내용은 『1940년 컴퍼스 작전(Campaign 73: Operation Compass 1940 - Wavell's Whirlwind Offensive)』 12쪽을 참조할 것). 이들은 비르엘키레이가트(Bir el Khireigat)에서 시디아제이즈(Sidi Azzeiz)로 약 48킬로미터를 전진하면서 도중에 조우하는 모든 적을 격파하도록 되어 있었다.

공격 종대의 중앙은 22(근위)여단(주로 인도 4사단에서 제공한 수송수단을 이용함)과 4RTR(총 24대의 마틸다전차를 보유한 2개 대대로 구성됨)이 할파야패스와 카푸조 요새의 정상부 일대를 소탕하고 북쪽으로 진출할 예정이었다. 한편 제3종대(해안전투단)는 주로 보병여단 소속의 2개 대대와 8야전포병연대로 구성되며, 이들에게는 적이 솔룸을 빠져나오지 나오지 못하게 저지하는 동시에 할파야패스의 아랫부분과 솔룸 지역 마을을 점령하는 임무가 부여되었다. 공군의 항공지원은 적의 수송종대를 저지하는 역할을 맡았다.

그러나 불행히도 독일의 우수한 무선감청부대(알프레트 제뵘Alfred Seeböhm 중위 지휘)는 영국군의 공격이 임박했음을 간파했다. 독일군은 이 공격이 토브룩을 구하려는 거대한 계획의 시발점이 되지 않을까 우려했다. 롬멜은 포위선의 동쪽 측면을 보강해 호주군 수비대의 돌파를 저지할 수 있도록 조치를 취해두었다.

5월 15일, 일찍 출발한 7기갑여단전투단은 전방에 있던 적의 경무장부대를 시디아세이즈까지 밀어냈다. 할파야 고지 위에 있던 이탈리아 포병들은 한동안 22(근위)여단을 강력히 저지했는데, 7대의 마틸다전차를 파괴한 끝에 마침내 스코틀랜드 근위대 2대대에 의해 유린당했다. 한편 더럼 경보병연대(Durham Light Infantry) 1대대는 두 번째 마틸다전차중대와 함께 카푸조 요새로 향했다. 요새는 점령했으나 자신들을 지원하던 전차들과 연락이 끊어진 더럼 경보병연대 1대대는 곧 독일 5전차연대 2대대의 반격을 당해 무사이디로 후퇴했다. 그 과정에서 많은 사상자가 발생했다. 해안전투단(제3종대)은 할파야 고지 아래의 지형이 고르지 못한 지역에서 조금도 전진하지 못하고 있다가 저녁이 되어서야 마침내 적의 진지를 빼앗고 124명의 포로를 잡았다.

롬멜은 증원부대로 8기갑연대 1대대를 파견했다. 고트 장군은, 급경사면 서쪽에 위치가 노출되어 있는 자신의 부대를 할파야 고지로 철수시키기로 결정했다. 독일의 증원부대는 03:00시에 시디아제이즈에 도착했다. 그러나 그들은 연료가 떨어져 17:00시까지 꼼짝하지 못하는 상태로 그 자리에서 방어태세를 취했다.

5월 12일, '타이거' 호송선단이 '새끼 호랑이들(82대의 순항전차와 135대의 마틸다전차, 21대의 경전차에게 처칠이 붙여준 별명)'을 데리고 도착했다. 이로서 7기갑사단의 재건이 가능해졌다. 이제 고트는 가능한 한 서쪽으로 많이 진출한 지점에서 '배틀액스 작전'을 시작할 수 있도록 할파야 패스를 사수하라는 명령을 받았다. 마틸다전차와 대전차포, 대공포로 구성된 분견대를 지원하는 임무를 부여받은 콜드스트림(Coldstream) 근위연대 3대대는 5월 26일에 독일군의 강력한 공격으로 포위될 위기에 몰렸다. 고트는 일출 직전에야 그들의 철수를 허락했으며 결국 173명의 병력과 4문의 야포, 8문의 대전차포, 5대의 마틸다전차를 잃었다.

같은날, 롬멜은 베를린의 육군최고사령부(OKW)로부터 또 한 번의 일격을 당하게 된다. 이번에는 육군소장 알프레트 가우제(Alfred Gause)가

성능 좋은 대공포의 희생자, Ju87 슈투카 급강하폭격기의 잔해이다. 토브룩 포위작전이 진행되는 동안 대공포 사수들은 수십만 발의 탄약을 소모했다. 한 대의 비행기를 격추하기 위해 3.7인치 포는 약 1,000~4,000발을, 20밀리미터 및 40밀리미터 대공포는 약 1,000~9,000발의 탄약을 발사해야 했다. 10월 9일까지 40명의 대공포 사수들이 전사했으며 128명이 부상당했다.(TM 3142/D3)

이끄는 일단의 참모단이라는 훼방꾼이었다. 그들은 아프리카군단과 'OKW' 사이의 연락 임무를 수행하되 롬멜의 지휘 하에 들어가지는 말라는 명령을 받았다. 많은 통신문과 그보다 더 많은 입씨름이 오간 후, 가우제 소장은 결국 롬멜의 참모장으로 임명되었다. 그리고 가우제 소장은 자신이 매우 뛰어난 장교임을 증명했다. 하지만 롬멜은 당시 아내에게 보낸 편지에 이렇게 썼다.

"말을 삼가고, 절대적으로 필요한 사항이 아니면 아예 보고하지 않기로 작정했소."

마침내 15기갑사단이 합류했고 할파야 고지는 강력한 방어선의 경첩부위를 형성했다. 이 방어선은 하피드 능선(Hafid Ridge)과 시디아제이즈를 잇는 원호 모양이 되었다. 할파야패스의 방어는 빌헬름 바흐('Reverend' Wilhelm Bach) 대위가 맡았다. 그는 독일 바덴에서 목사로 있었으며 롬멜은 그의 군사적 자질을 높이 평가했다.

2개 전차대대와 1개 대전차대대, 1개 차량화보병대대, 1개 모터사이클 대대를 비롯해 할파야 언덕의 고지대에 고정배치된 88밀리미터 대전차포 1개 대대가 인근에 자리를 잡았다. 특히 88밀리미터 대전차포는 매우 광범위한 화망을 제공할 수 있었다. 롬멜은 후에 "이런 식의 부대 배치에 대해 큰 기대를 품었다"고 기록했다. 모든 징후들로 판단할 때, 영국군은 토브룩 포위망 돌파를 포함한 모종의 중요한 작전을 준비하고 있음이 분명했고 롬멜은 그에 대비하려 했던 것으로 보인다.

:: 공습

롬멜은 아내에게 보낸 5월 6일자 편지에 이렇게 적었다.

"토브룩에는 물이 부족하다오. 영국군은 하루에 0.5리터의 물밖에 지급받지 못하고 있소. 우리의 급강하폭격기들이 적들의 물 배급량을 더욱 줄일 수 있었으면 좋겠소."

토브룩 북서쪽에는 양수장이 하나 있었다. 그곳의 천연 우물에서 하루 600갤론(2,700리터)의 물이 공급되었다. 그리고 이탈리아인들이 세운 정수시설 두 군데에서는 100갤론(450리터)의 담수가 생산되었다. 방어군 측으로서는 여전히 물이 부족하여 탱커로 여분의 물을 실어와야 했다. 1만 3,000톤의 식수저장시설이 있기는 했지만 정화처리를 해야만 사용할 수 있었다. 그 외에도 수비대가 절실히 필요로 하는 모든 물자들은 외부에서 배를 통해 공급돼야만 했다. 롬멜은 토브룩과 그곳에서 벌어지는 모든 활동들에 대해 몰타와 똑같은 우선권을 부여해달라고 본토에 요구했고, 이런 요구에 따라 독일 10비행군단의 최우선 목표는 토브룩의 급수시설과 해상보급로가 되었다.

독일 10비행군단에 맞선 부대는 J. N. 슬래터(Slater) 준장이 지휘하는 4 대공포여단이었다. 그들은 2개 구역에 배치되었다. 첫 번째는 항구와 요

토브룩 - 주요 방어시설과 최우선 폭격 목표

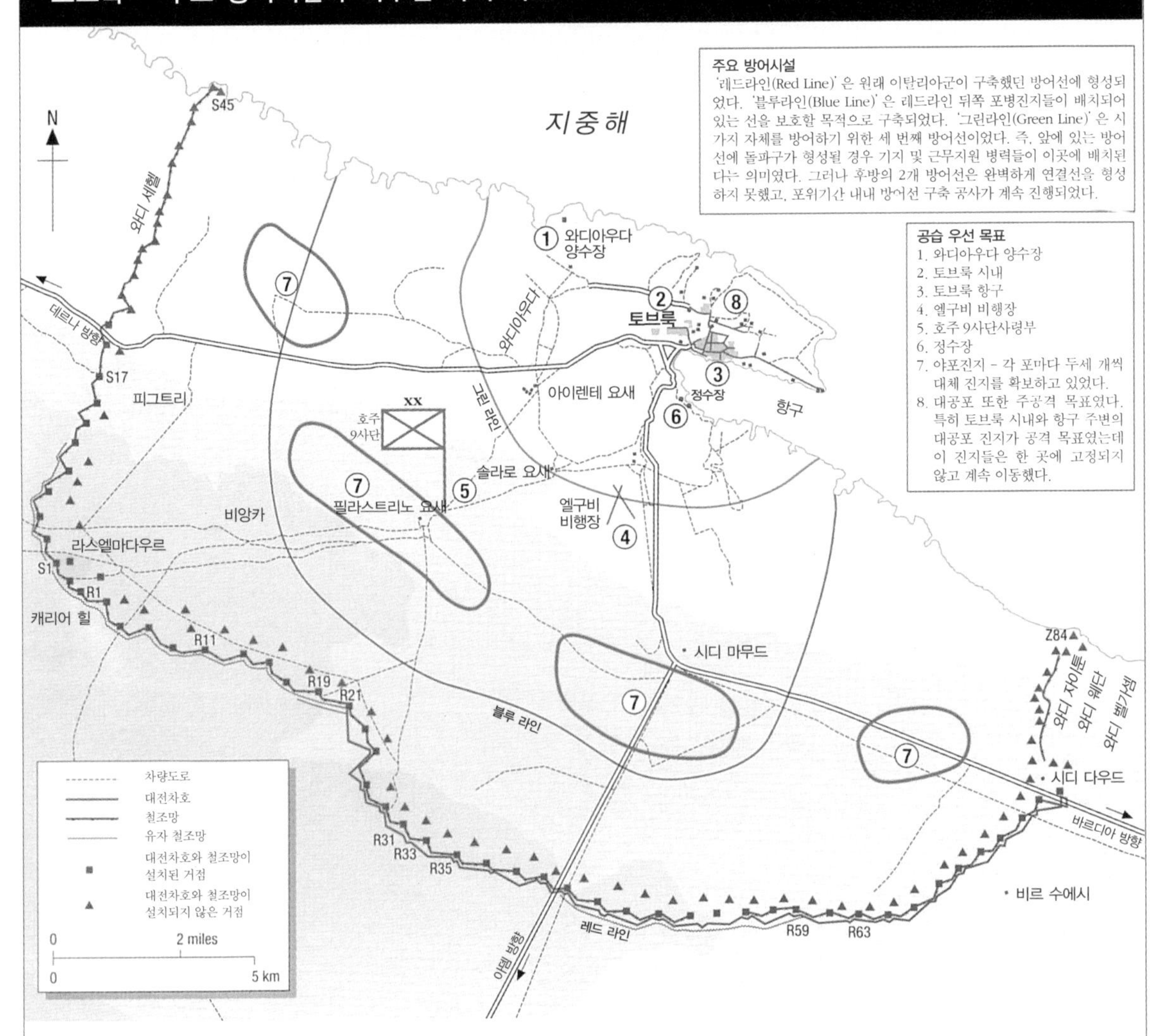

새사령부, 보급품 집적소와 병기창을 방어했다. 두 번째는(이곳에 40밀리미터 보포스 포 1/3과 다수의 20밀리미터 브레다 기관총이 할당됨) 일선부대를 비롯해 대전차포 방어선을 보호했다.

그러나 이 대공포들만으로 항구의 안전까지 보장할 수는 없었다. 항구는 처음부터 독일군의 주요 공습목표였다. 그러나 슬래터 장군은 정력적이고도 합리적인 결정을 내리는 사람이었다. 그는 독일의 제공권을 순순히 인정해주지 않았으며 결국 그의 의지가 승리했다. 슬래터가 내린 첫 번째 중요한 결정은, 독일 공군기가 항구 상공에 진입하는 순간 반드시 화망에 걸려야 한다는 것이었다. 그는 그것을 '항구 화망(the Harbour Barrage)'이라고 일컬었다. 이런 전제를 기본으로 하여 사격 고도와 포대의 위치를 지속적으로 변화시킴으로 독일폭격기의 조종사들은 어느 지점에서 대공포화의 화망과 부딪치게 될지 전혀 짐작할 수 없었다.

자신의 대공포 진지 주변에 폭탄이 떨어지고 모래주머니에 기총탄환이 날아와 박히는 상황 속에서 이러한 임무를 제대로 수행하기란 대단히 어려운 일이었지만, 슬래터 장군은 공습이 진행되는 동안 무슨 일이 있어도 진지를 떠나지 말라고 사수들에게 명령했다. 병사들도 진지 안에 있는 편이 오히려 더 안전하다는 사실을 차츰 깨닫게 되었다.

슬래터는 가짜 진지를 구축하여 가짜 탄약과 가짜 사수를 배치하기도

6비행대대의 항공기를 보관할 수 있는 안전시설을 만드는 것 외에도, 토브룩 사령부의 위장전술 전담반은 버려진 물자들을 가지고 가짜 격납고와 항공기를 추가로 설치했으며 결과적으로 커다란 성공을 거두었다. 6비행대대의 허리케인 전투기들은 4개월 동안 작전을 계속하다가 결국은 구조될 때까지 생존했다. 입수된 적의 항공사진은 적이 가짜 격납고와 가짜 비행기를 진짜로 간주했다는 사실을 보여주는데, 진짜가 발견되지 않았기 때문이기도 하다. (AWM 020687)

했다(중간중간에 진짜 포대를 설치함으로써 그럴듯한 분위기를 더욱 고조시켰다). 다른 방식의 엄폐수단으로 오목형 포좌(凹型砲座: gunpit)가 될 참호를 더욱 깊이 팠으며, 땅을 깊이 팔 수 없는 곳에서는 이탈리아군으로부터 노획한 탄약상자에 돌을 채우거나 모래를 채워넣은 드럼통으로 사격호(sangar)를 쌓았다.

일단의 호주병사들이 정찰에 나서고 있다. 호주군의 한 포병은 토브룩에서 자기 어머니에게 이렇게 편지를 썼다. "제가 호주군이라는 사실이 자랑스러워요. 호주군들에게는 뭔가 다른 요소가 있어요. 독일놈들이 결사적인 의지로 실행하고 영국군이 숫자로 밀어붙이는 일도 호주군들은 소풍 나온 아이들처럼 신나게 뛰어다니며 땀과 웃음으로 끝내버리죠. 그렇게 몇 놈을 해치우고 나면, 바위에 기대어 느긋하게 담배 한 대를 피우는 거예요."(IWM E5498)

이런 모든 조치들은 병사들에게 엄청난 심신의 긴장을 안겨주었다. 불같은 더위 속에서 가능한 한 빨리 포탄을 장전하고 신속하게 뜨거운 탄피들을 제거하다 보면 우선 육체적 피로가 뒤따를 수밖에 없었다. 코를 찌르는 화약 냄새와 끊임없이 지축을 흔드는 폭음은 정신적 피로를 가중시켰다. 그러나 9월까지는 아무런 대안이 없었다. 당시 152대공포대를 지휘했던 한 장교는, 병사들의 신경이 극도로 날카로워졌을 때 자신이 할 수 있는 한 최선을 다해 포대를 재배치하면서 병사들에게 다음과 같이 말했다고 기록했다.

"한 가지 확실한 사실은, 저 훈족들(Huns: 독일군에 대한 별명—옮긴이)은 우리가 저희들을 미워하는 것보다 훨씬 더 우리를 미워한다는 거야."

이렇게 최선을 다한 결과 많은 적기들이 격추되었고, 5월에 접어들자 항구에 대한 주간 급강하폭격은 중단되었다. 6월이 되면서 모스헤드는 낮에도 항구에서 하역작업을 재개할 수 있게 되었다. 하지만 불행하게도 영국해군은 그 혜택을 전혀 받지 못했다. 독일공군은 집중적인 방어태세를 갖춘 항구 대신 항로를 오가는 선박에 공격을 집중했기 때문이다.

대공포 사수들만 가짜 진지를 만들어 활용한 것은 아니었다. 그때까지 토브룩 지역 내에서 작전 중인 항공기는 엘구비(El Gubbi)에 있는 6(항공지원)비행대대 소속 허리케인 전투기 3대뿐이었다. 엘구비는 적의 대포 사정거리 안이었기 때문에 그곳에 있는 비행기들이 빈번한 공격을 받기도 했다. 이들 중 2대의 허리케인을 위해 근처 와디(wadi: 사막 지방의 개울로 우기를 제외하면 늘 말라 있음—옮긴이)의 절벽 안쪽에 격납고를 만들고 출입구를 그물망으로 위장했다. 나머지 1대는 활주로 옆의 간이호 속에 보호했다. 이 간이호는 비행기의 윗면도(top view) 형태와 똑같이 생겼기 때문에 플랫폼 위에 항공기를 올려놓고 윈치로 호 안에 넣거나 들어올리는 방식이었다.

호주 9사단 예하 공병대는 토브룩 요새사령부의 위장전술전담반에 소속된 장교들의 지시에 따라 와디아우다에서 양수장을 위장하는 작업을 진행했다. 그곳은 적 공격에 취약한 지형이었다. 이탈리아군이 만들어둔 양

마크VI A15 순항전차 '크루세이더(Crusader)'는 무게가 19톤이며 5명의 승무원이 탑승했다. 빠르고 잘 생긴 전차였지만 심각한 결점들을 안고 있었다. 7.92밀리미터 베사(Besa) 기관총 2정과 고폭탄을 발사하지 못하는 2파운드 전차포를 장비하고 있었는데, 2파운드 포는 이미 독일의 전차들과 맞서기에 역부족이라는 사실이 입증되었다. 시속 42킬로미터라는 최고 속도에도 불구하고 40밀리미터밖에 안 되는 전면장갑은 독일의 대전차포를 방어하는 데 충분하지 않았다. 게다가 기계적 신뢰성도 떨어졌다.(TM 2226/C1)

어떤 대공포 사수는 공습을 당하는 상황을 다음과 같이 묘사했다. "쾅! 소리와 함께 폭탄이 수천 그루의 나무를 찢어발기듯이 폭발했다. 아직 땅에 엎드리지 못한 사람들은 휙 바닥에 쓰러졌다. 쾅! 우르릉, 쾅! 폭탄이 계속 날아왔다. 모래먼지 때문에 눈을 뜰 수 없는 데다 숨도 쉴 수 없었다. 배 밑에서 땅이 뒤집어질 때마다 숨이 턱턱 막혔다. 마치 주변의 땅이 무너지면서 우리가 시커먼 지하에 파묻히게 될 것만 같다. 우리는 지면을 움켜쥐고 기도를 한다. 이런 지옥에서는 아무도 살 수 없다. 이런 상황이 끝없이, 그리고 영원히 계속될 것만 같다."(짐 로리어 그림)

장비 면에서 독일군이 누렸던 질적 우위가 모든 장비에 일관되게 적용되거나 일방적인 우세를 보이지는 않았다. 사진 속에 보이는 두 대의 차량이 그러한 사실을 잘 보여주고 있다. 2호전차는 빠르고 기동성이 좋은 장갑차였지만 구경 20밀리미터에 불과한 주무기는 중장갑을 장착한 마틸다전차에게는 무용지물이었다. 독일군이 우위를 보일 수 있었던 이유는, 그들이 중요한 순간에 효율적으로 여러 무기들을 잘 협조시켜 사용했고 적절한 지원을 제공했기 때문이다. 또한 독일군은 '현장경험'을 통해 학습하는 속도가 영국군보다 훨씬 빨랐다.(TM 2476/D5)

수장은 시가지와 동떨어져 있어 눈에 잘 띄기 때문에 은폐가 불가능했다. 따라서 그들은 '파괴조'를 편성해 마치 양수장이 파괴된 것처럼 만들어 더이상의 공격을 받지 않도록 위장하는 작업을 벌였다. 공습이 지나간 후 인근에 포탄이 떨어지면 파괴조가 몰려가 가짜 '구덩이(crater)'를 몇 군데 더 팠다(진짜 공습으로 생긴 구덩이에는 석탄가루와 기름찌꺼기를 넣어 더욱 깊어 보이게 만드는 시각효과를 주었다). 양수장 주변에는 잔해들을 흩뿌리고 지붕 위에는 페인트와 시멘트로 파괴를 위장하기 위한 문양을 그려넣었다. 심지어 사용하지 않는 냉각탑을 그 위에서 진짜 폭발시키기도 했다. 이런 조치들은 추축군의 항공사진을 충분히 속임으로써 한동안 그들이 양수장을 신경쓰지 않도록 하는 데 효과가 있다는 사실이 증명되었다.

8월이 되자 독일의 슈투카 급강하폭격기가 주간공습을 다시 시작했다. 이번에 적기의 공습에 대적할 대공화기는 공식적으로 '무선회 발사체(Unrotating Projectile)' 즉 'UP'라 불린 영국해군의 신병기였다. 이 무기는 일종의 다연장로켓발사기였는데, 발사된 로켓은 다시 작은 낙하산들을 공중에 쏟아냈고, 각 낙하산에는 피아노줄로 연결된 폭탄이 연결되어 있었다. UP는 처칠의 애완병기였지만, 대단히 경악스러운 시연장면을 목격한 해군성은 이 무기체계의 효과가 너무나 예측불허하므로 영국 본토에서는 사용할 수는 없고 토브룩이 매우 이상적인 전장이라고 판단했다.

8월 10일 오후 늦은 시간, 스쿠너인 마리아지오반나 함이 '해군의 집(Navy House)' 옆 부두에 정박해 있었다. 이때 18대의 슈투카 급강하폭격기가 이 배를 목표로 곧바로 공습을 가해왔다. 곧 UP들이 발사되었고, 급강하중이던 비행기들은 필사적으로 이탈을 시도하며 기지로 달아나버렸다. 그 중 1대는 사막에 처박히는 장면이 목격되었고, 2대 이상이 보포스 대공포에 심한 손상을 입었으며, 다른 1대는 꼬리에 낙하산을 질질 달고 날아가는 광경을 연출했다. 마리아지오반나 근처에 떨어진 포탄은 단 한 발도 없었다. 이후 슈투카 급강하폭격기들은 이 새로운 화망을 뚫으려고 몇 차례 시도를 벌였으나 곧 완전히 포기하고 다른 지역의 목표물에 집중했다.

:: 배틀액스 작전

'배틀액스(Battleaxe) 작전'을 위한 웨이벨의 사전 지시는 5월 1일에 이미 발송된 상태였다. 5월이 지나가는 동안 크레타는 독일 공수부대의 공격으로 독일군의 수중에 떨어졌고, 이라크에서는 반란이 일어났으며, 에티오피아 전역(戰役)은 계속 진행중이었고, 시리아를 지배하고 있는 비시 프랑스 정부에 대한 우려도 계속 증폭되어 그곳에 대한 또 다른 전역이 계획되고 있는 중이었다.

5월 19일, 중동공군 최고사령관인 공군대장 아서 롱모어 경(Sir Arthur Longmore)은 정책자문을 위해 런던을 방문하고 있었다. 거기서 그는 임지로 돌아갈 필요가 없다는 통보를 받았다. 대신에 그는 영국공군 감찰감으로 임명되었고, 그의 후임으로는 공군중장 아서 테더(Arthur Tedder) 최고사령관이 임명되었다. 롱모어는 중동에 있는 영국군의 전력이 너무나 부족한 상태라는 견해를 품고 있었고, 그런 사실을 숨김없이 밝힌 대가를 치른 것이었다.

스탄 치어스(Stan Cheers)는 6RTR 소속 운전병이었다. "(우리는) 이들 전차에 대한 훈련을 전혀 받지 않은 상태였다. 심지어 기초조작 훈련조차 없었다. (배틀액스 작전이) 시작되었을 때 우리는 51대의 전차를 보유하고 있었는데, 3일간의 작전이 끝난 후에는 겨우 6대만 남았다. 그리고 남아 있는 전차들 중에서 단 한 차례도 피탄을 당하지 않은 전차는 딱 한 대 뿐이었다." 영국군이 입은 막대한 손실 규모는 곧 독일군의 우월한 정비지원팀이 영국군이 버리고 간 장비들을 모두 쓸어갔다는 사실을 의미했다. 다만 사진 속에서 크루세이더전차를 회수하고 있는 독일제 SdKfz9장갑차는, 영국군 왕립육군병기대 소속 장병들이 노획하여 사용중인 것으로 보인다.(TM 2619/C1)

같은날 처칠이 딜에게 통보하기를, 웨이벨의 역할을 인도군 최고사령관인 오친렉(Auchinleck)으로 교체할 계획이라고 했다. 웨이벨은 시리아 침공(6월 8일에 시작되었다)과 같은 새로운 형태의 임무를 수행할 수 없다고 했고, 처칠과 총참모부는 그의 의견을 묵살한 것이다. 이틀 후에 딜은 런던에서 벌어진 일에 대해 웨이벨에게 넌지시 암시하는 서한을 보냈다. 어쨌든 핵심적인 전투지역으로부터 병력을 분산시키는 상황이 계속 벌어졌고, 윌슨(Wilson) 중장은 시리아에 있는 강력한 비시 프랑스군을 진압하는 데 한 달 이상을 소모했다.

웨이벨은 처칠로부터, 독일군을 토브룩 주변에서 즉각 격퇴하지 못하는 이유를 설명하라는 심한 압박을 받았다. 처칠의 말대로라면, 웨이벨은 거의 50만에 육박하는 병력을 거느리고 있는 반면 독일군은 불과 2만 5,000명뿐이었다. 하지만 그것은 분명 잘못된 논리였다. 처칠이 '호랑이 새끼들'이라 명명한 전차들은 사막전에 적합하도록 개조되기 위해(사막용 위장색으로 도장을 변경하는 작업까지 포함해서) 일단 모두 수리창에 들어갔다 나와야 했다. 마크VI 순항전차 '크루세이더'는 완벽하게 새로워진 모델이라 승조원들을 새로 훈련시켜야만 했다. 이런 조건들이 처칠에게는 전혀 먹혀들지 않았다. 처칠은 웨이벨에게 전보를 보내어, 전차들의 하역 일정을 구체적으로 못박은 뒤 그들이 언제 전선에 배치될 것인지 분명한 시간표를 내놓으라고 요구했다. 그때부터는 웨이벨이 무엇을 하든 안 하든 수상에게는 모든 것이 불만의 대상이 되었다.

5월 28일, 웨이벨이 배틀액스 작전에 대한 세부명령을 하달했다. 당시 상황은 다음과 같았다. 인도 4사단은 4기갑여단(마틸다전차 보유)을 통합 지휘하여 할파야-솔룸-바르디아-카푸조로 이어지는 지역의 적을 섬멸하고, 7기갑사단은 커다란 우회기동을 통해 하피드 능선으로 전진하여 주력부대의 측면을 엄호하는 한편 위쪽으로 경계진을 형성하여 북쪽으로부터 접근하는 적 기갑부대에 대비하게 되어 있었다. 그러나 순항전차와 보병전차를 구분하는 영국군의 관행 때문에 기갑부대의 작전능력에는 중대한 제약이 발생하고 있었다.

롬멜은 당시 상황을 두고 이렇게 기록했다.

"웨이벨은 마틸다전차의 느린 기동성 때문에 커다란 약점을 안고 있었다. 우리 기갑부대가 더 빠르게 움직이다 보니 웨이벨은 거기에 충분한 대응을 할 수 없었다. 따라서 우리는 그의 기갑전력 대부분이 안고 있는 속도의 약점을 전술적으로 이용할 수 있었다."

영국군이 처해 있는 상황은 마치 어른과 아이의 다리를 묶어 100미터를 전속력으로 달리게 하는 이인삼각달리기와 같았다. 뿐만이 아니었다. 영국군의 장갑차량들은 공습에 너무나 취약하다는 사실이 드러났고, 정찰임무 수행에서도 독일의 강력한 8륜장갑차와는 경쟁이 되지 않았다. 이 모든 사항들이 성공에 대한 의구심을 부추겼고, 웨이벨은 이러한 고민을 딜에게 은밀히 고백했다.

육군중장 노엘 베레스퍼드-피어스 경은 재편성된 서부사막군의 지휘를 맡아 작전본부를 시디바라니에 설치했다. 이곳은 배틀액스 전장에서 96킬로미터 이상 떨어져 있었지만, 영국공군 204비행연대본부와는 비교적 가까운 위치였다. 영국의 신임 공군지휘관 테더 장군은 105대의 대형 및 중형폭격기와 98대 전투기의 지원을 동원할 수 있었고, 독일군의 경우에는 전투기와 폭격기 각각 60대가 작전가능했다. 여기에 더하여 이탈리아군이 25대의 폭격기와 70대의 전투기를 제공했다. 한편 영국해군은 토브룩에 대한 보급임무에만 전념했다.

배틀액스 작전에 대한 영국공군의 준비작전은 성공적이었는데, 벵가지에 대한 야간공습과 6월 14일에서 15일 야간 사이에 이루어진 지상부대 이동을 적 정찰기로부터 엄호하는 임무도 효과적이었다. 하지만 그 즈음에는 롬멜도 이미 충분한 시간을 갖고 영국군의 공세에 대비해둔 상태였다. 88밀리미터 대전차포는 하피드 능선 위에 참호를 깊이 파고 그 속에 마련한 포좌에 설치되어 포구만 내놓은 채 충분히 은폐된 상태로 대기중이었다. 언제라도 광범위한 구역에 사격을 가할 수 있도록 준비된 상태였다.

할파야패스의 정상에 대한 새벽 공격은 출발이 순조롭지 못하여 포병지원 부대가 제 시간에 진출하지 못했다. 4RTR C중대와 함께 카메론 하이랜더 근위연대(Queen's Own Cameron Highlanders) 2대대가 공격을 위해 산개하는 순간, 갑자기 88밀리미터 대전차포에서 발사된 포탄이 윙윙거리며 날아오기 시작했다. 전차중대장은 무전기로 이렇게 소리질렀다.

"저놈들이 우리 탱크를 박살내고 있어!"

그리고 그의 무전기로부터는 더이상 아무런 소리가 들려오지 않았다. 1분도 채 되지 않아 단 1대를 제외한 모든 전차가 불길에 휩싸였다.

그럼에도 불구하고 카메론 연대의 보병들은 포병이 자신들과 목표지점 사이의 공간을 엄호해주기를 기도하면서 불타는 거구들 사이로 전진을 계속했다. 그러나 도착한 것은 아군의 지원포격이 아니라 장갑차와 트럭을 탄 독일보병들이었다. 카메론 하이랜더 2대대의 1개 중대는 완전히 유린되었고, 나머지 부대는 와디의 고지대로 쫓겨 올라갔다. 거기서 그들이 하루 종일 할 수 있는 일이라곤 저 아래에서 전개되는 전투를 그저 바라보는 것뿐이었다.

07:30시, 같은 여단에 소속되어 있는 나머지 부대는 4RTR A중대의 지원을 받아 할파야패스 아래에 있는 바흐(Bach) 거점으로 접근하고 있었다. 이때 6대의 마틸다전차 중 4대가 지뢰를 밟았고, 전진로가 막힌 나머지 전차들은 더 이상 전진할 수 없게 되었다.

사막 안쪽에 있는 사단의 좌익은 상황이 훨씬 순조로운 듯했다. 7RTR은 방어력이 집중되고 있다고 알려진 거점206을 우회하여 방어병력을 따라 카푸조 요새까지 진출하게 되었다. H. 자비스(Jarvis) 대위는 당시 상황을 이렇게 적었다.

"(마틸다전차들은) 혼란 속에서 탁 트인 대지를 가로질러 카푸조 요새

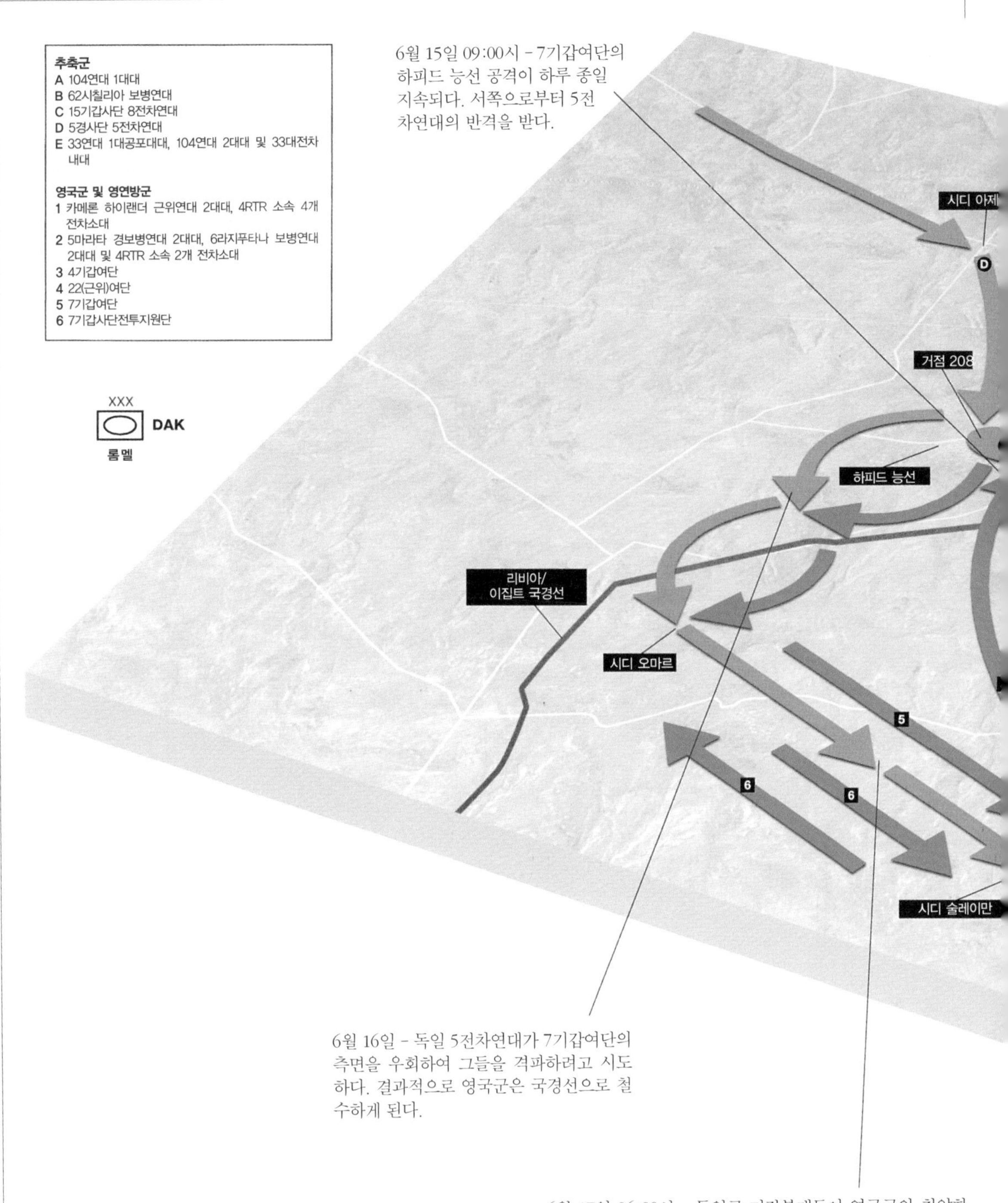

'배틀액스' 작전

1941년 6월 15~17일 상황을 남쪽에서 본 모습. 웨이벨의 실패한 공세와 추축군의 대응 양상이 잘 나타나 있다.

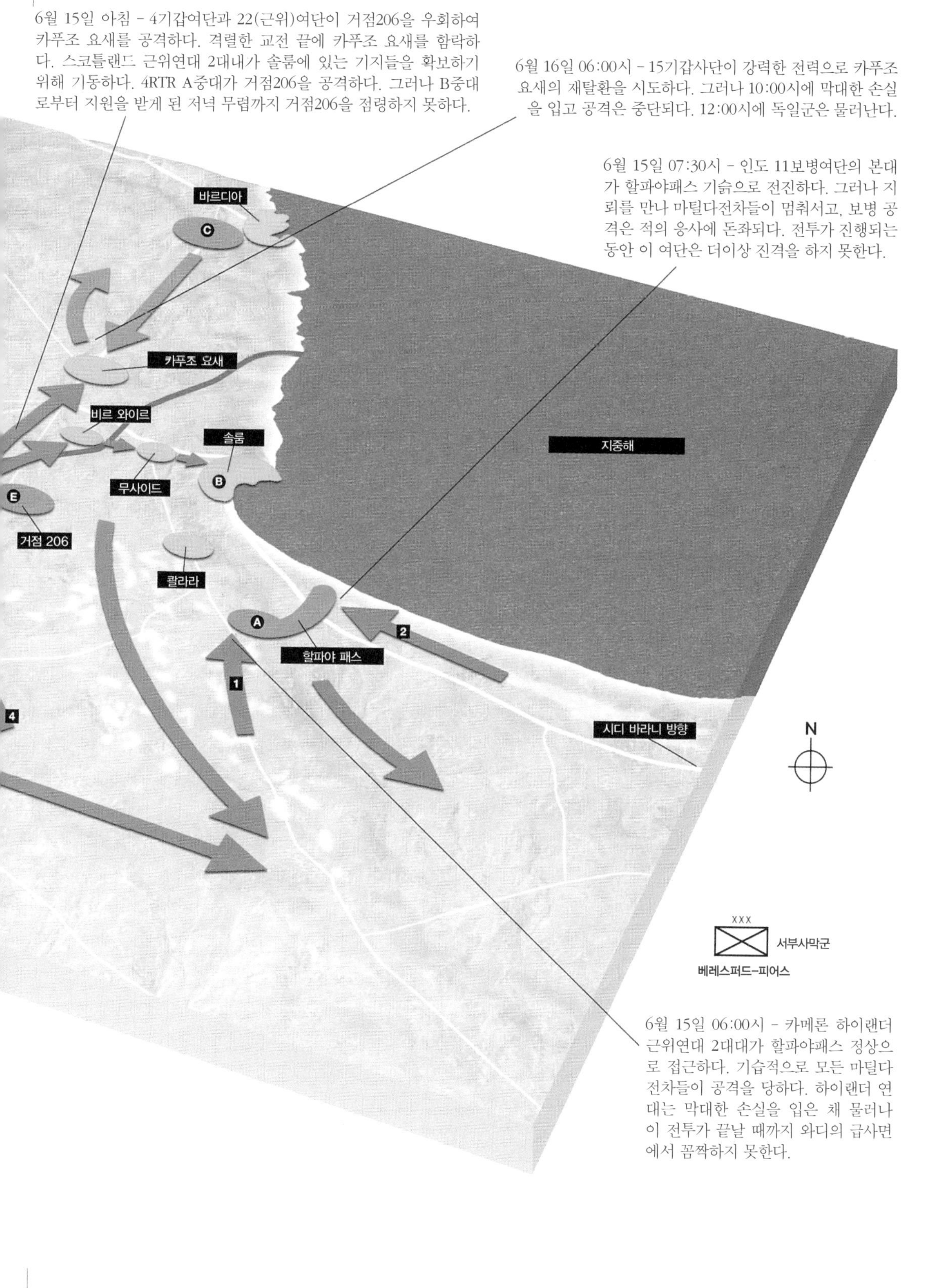
6월 15일 아침 - 4기갑여단과 22(근위)여단이 거점206을 우회하여 카푸조 요새를 공격하다. 격렬한 교전 끝에 카푸조 요새를 함락하다. 스코틀랜드 근위연대 2대대가 솔룸에 있는 기지들을 확보하기 위해 기동하다. 4RTR A중대가 거점206을 공격하다. 그러나 B중대로부터 지원을 받게 된 저녁 무렵까지 거점206을 점령하지 못하다.
6월 16일 06:00시 - 15기갑사단이 강력한 전력으로 카푸조 요새의 재탈환을 시도하다. 그러나 10:00시에 막대한 손실을 입고 공격은 중단되다. 12:00시에 독일군은 물러난다.
6월 15일 07:30시 - 인도 11보병여단의 본대가 할파야패스 기슭으로 전진하다. 그러나 지뢰를 만나 마틸다전차들이 멈춰서고, 보병 공격은 적의 응사에 돈좌되다. 전투가 진행되는 동안 이 여단은 더이상 진격을 하지 못한다.
바르디아
C
카푸조 요새
비르 와이르
솔룸
B
무사이드
E
거점 206
지중해
칼라라
A
할파야 패스
2
1
4
시디 바라니 방향
N
XXX
서부사막군
베레스퍼드-피어스
6월 15일 06:00시 - 카메론 하이랜더 근위연대 2대대가 할파야패스 정상으로 접근하다. 기습적으로 모든 마틸다 전차들이 공격을 당하다. 하이랜더 연대는 막대한 손실을 입은 채 물러나 이 전투가 끝날 때까지 와디의 급사면에서 꼼짝하지 못한다.

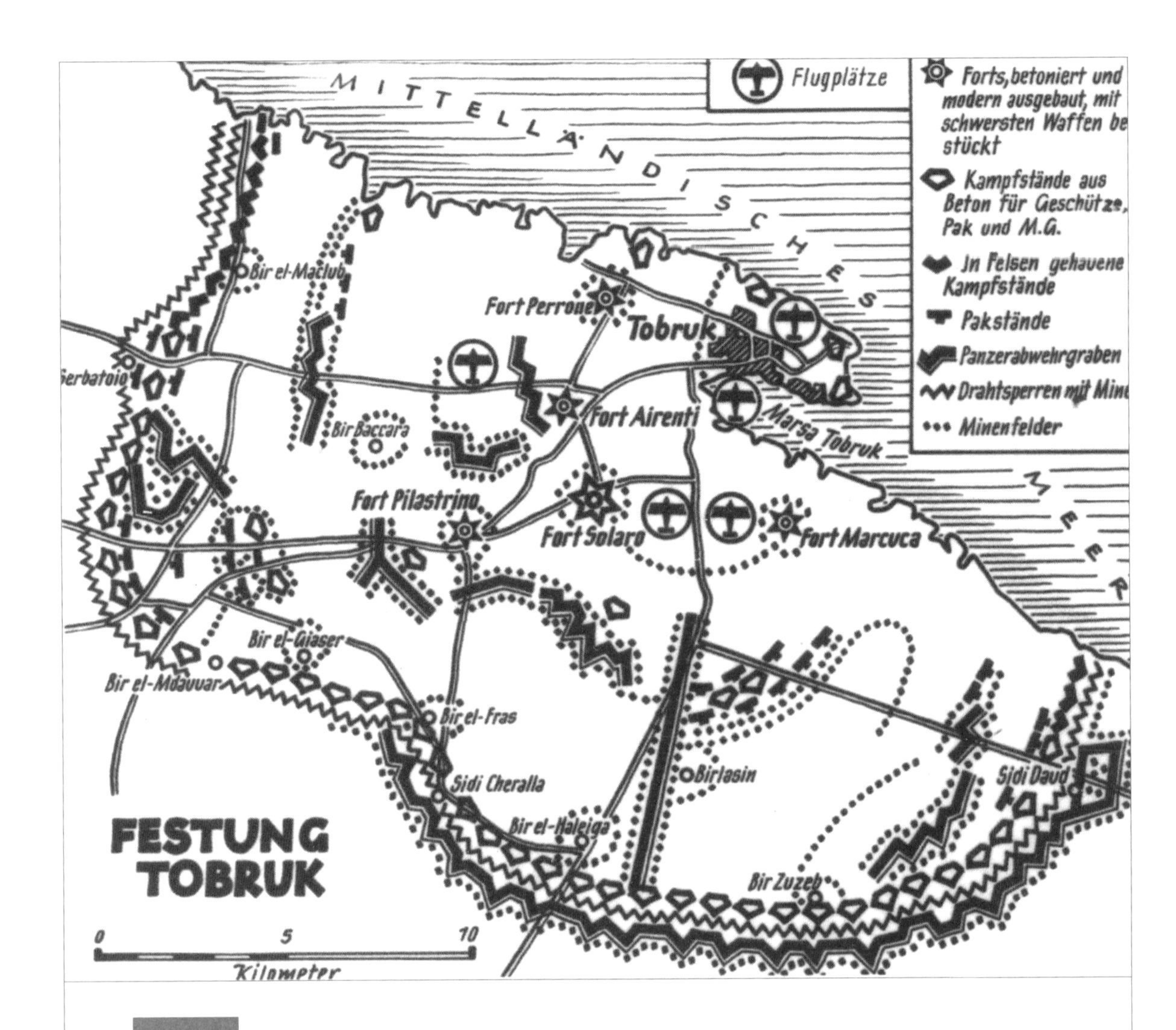

토브룩의 방어시설들을 보여주는 독일군 지도. 여름 내내 추축군은 방어진지에 대한 보다 철저한 정찰 및 연구활동을 수행할 수 있었고, 그 중에서 공격하기에 가장 적절한 거점들을 선별했다. 그럼에도 불구하고 토브룩 요새를 향한 두 차례의 공격은 실패로 끝났다. 분명한 사실은, 성공을 보장하기 위해 가을 내내 또 다른 철저한 계획과 준비가 있어야 한다는 사실이었다.(IWM MH5849)

경내까지 진출했다. 그곳에는 적이 많지 않았다. 몇 대의 가짜 독일군 전차가 후퇴하면서 500여 미터 떨어진 산등성이를 서서히 오르고 있었다. 연대는 분산되어 소규모 교전에 들어갔다."

비록 강력한 반격이 있기는 했지만(마틸다전차 5대를 잃음), 22(근위)여단이 진출하여 상황을 안정시켰다. 두 부대는 힘을 합쳐 적들의 강력한 저항에 맞서 전투를 벌이다가 18:30시경에 야간사주방어 태세에 들어갔다.

솟아오른 지형이 거의 없는 탁 트인 대지에서는 가용한 모든 보조수단을 활용할 필요가 있었다. 이 사진은 이탈리아 관측장교 한 명이 사다리 위로 올라가 포병사격의 결과를 살피고 있는 모습이다. 관측소(OP)들은 적의 정찰활동에 특별히 취약하여 철저하게 방어를 하든가 아니면 기동성이 좋아야 했다.(IWM MH 5865)

그들은 다음날 아침부터 자신들의 전과를 더욱 확대할 수 있을 것이라고 전망하고 있었다.

한편 더 남쪽에서도 7기갑여단전투단은 대단한 성과를 올리고 있는 것처럼 보였다. 그들은 2RTR의 낡은 A9 및 A10순항전차를 앞세우고 하피드 능선으로 향했다. 한낮의 열기로 사막에 아지랑이가 피어오르는 가운데 그들이 목적지라고 생각한 곳에 도착해 보니, 사실 그곳은 독일군이 파놓은 진지와 그들의 목적지 사이에 있는 나지막한 3개의 언덕 중 첫 번째에

물을 배급받기 위해 줄을 선 모습. 물을 담기 위한 용기가 각양각색이다. 사막에서 물은 항상 부족했지만, 토브룩 내부의 공급사정은 어느 정도 견딜 만한 수준을 유지했다. 다만 물맛이 나쁜 것은 어쩔 도리가 없었다. 이 물로 만든 홍차의 맛도 끔찍했지만, 커피 맛은 더 나빴다. 한 독일 병사는 이렇게 적었다. "괜히 커피를 만들려고 하지 마라. 물을 끓이면 시각적으로는 커피처럼 보이고 미각적으로는 유황 맛이 난다. 여기 있는 누구나가 겪는 일이다!"(IWM E2823)

불과했다. 그곳에서 그들은 교전은 고사하고 거의 보이지도 않는 적의 공격을 받아 분쇄되었다. 2대의 A9순항전차가 불길에 휩싸였고 나머지 전차들은 허겁지겁 왔던 길로 되돌아갔다. 전진을 위해서는 야전포병의 도움이 필요했지만, 당시 포병은 전투지원단과 함께 후방에 있었다.

야간의 협의를 거친 뒤 2개 대대가 측면공격을 시작했을 때는 정오가 되기 직전이었다. 그들은 전방의 두 능선 사이로 기관사격을 가하며 전진했고, 능선의 끝에 도달할 때까지 단 1대의 전차만을 잃은 상태였다. 또 다른 능선이 하나 더 있다는 사실을 알게 된 지휘관은 정지를 명령했다. 그러나 무전기가 부족하여 소대 당 1대씩만 지급되었기 때문에, 전차 5대는 이미 사라져버린 뒤였고 그들은 다시 나타나지 않았다.

2RTR의 후속부대는 6RTR이었고, 그들은 신형 크루세이더 전차를 장

비하고 있었다. 여단장인 H. E. 러셀(Russel) 준장은 제1파 공격진에게, 능선에서 적을 몰아내고 사령부에서 계획한 기갑전투를 벌일 수 있는 여건을 마련하라고 명령했다. 그러나 독일군은 영국군의 계획에 순종할 의도가 전혀 없었다. 영국군이 두 번째 능선 위에 나타났을 때 독일군은 크루

이탈리아군은 방어선 내부에 커다란 동굴을 파고 네트워크로 연결해놓았다. 찌는 여름 더위를 피해 호주병사들은 이 동굴에서 쉬기도 하고 자신들만 좋아하는 오락에 빠져들기도 했다. 프랭크 해리슨(Frank Harrison)은 호주군에 관해 이렇게 회고했다. "호주군은 어떤 상황에서도 내기를 걸었다. 움직이는 것, 기어다니는 것, 날아다니는 것, 도망치는 것 등 모든 것에 내기를 걸었다. 그러나 특별히 2개의 동전을 던지며 내기하는 것을 좋아했다. 동전던지기를 하는 동안, 가능하다면 자신의 셔츠나 아내의 블라우스를 밑에 깔았다."(IWM E4814)

자이스 가위형 망원경(Zeiss Scissors telescope) sf. 14.2의 모습. 이 망원경은 독일군 관측소의 표준장비였으며 매우 효과적이었다. 방어선의 길이가 길다 보니 전 구역이 연결되도록 진지를 배치하기가 어려웠고, 진지 사이의 간격을 감시해야 할 필요성이 있었다. 토브룩 요새의 돌출부처럼 병력의 밀도가 높은 곳에서는 이런 장비로 적의 참호를 안전하게 감시할 수 있었는데, 보통 상대방은 매우 근접해 있는 경우가 많았다. 하지만 이런 장비들은 호주군 저격수의 목표가 되기도 했다. (IWM STT4483)

세이더 전차들을 박살냈고, B전차대대 소속 전차 2대만이 무사히 후퇴할 수 있었다. 왕립전차연대(RTR) 부대사는 이 상황을 다음과 같이 기록하고 있다.

"독일군의 반격이 대단히 충실하게 이루어졌으며, C중대는 35대의 적 전차가 남동쪽으로부터 연대를 향해 전진하고 있다고 보고했다. 비록 부대에는 교전가능한 전차가 겨우 20대 남았지만, 어떤 희생을 치르더라도 적을 저지하라는 명령이 하달되었다. 전차 간의 장거리 혈투가 벌어졌고, 2파운드 전차포를 보유한 아군 전차들은 독일군의 75밀리미터 전차포에 비해 사정거리에서 불리했다. 밤이 되자 단 15대의 전차만 남았다."

어두워지자 철수하던 영국군은 전력의 절반을 길에다 버려야 하는 상

정찰대가 부상자 한 명을 운반하며 복귀하는 모습. 수색활동을 벌이면서 양측 모두 꾸준히 사상자를 발생시켜 의료진을 바쁘게 만들었다. 그러나 모스헤드는, 아군의 전력을 심각하게 약화시키지만 않는다면 공격정신을 유지하기 위해 이런 수색 및 정찰 활동이 필수적이라고 생각했다. 동시에 그것은 호주군에게 자긍심을 심어주는 활동이기도 했다. 제1차 세계대전 때도 이들의 부모뻘 되는 호주군은 수색 및 정찰 활동의 대가들이었다.(IWM E5502)

호주군 전투정찰대가 급습을 나가면서 철조망 밑을 통과하고 있다. 짧은 사막의 여름밤 동안 방어진지 여기저기에서 섬광과 함께 벌어지는 소규모 전투가 끊이지 않았다. 이런 전투는 주로 호주군 보병들이 촉발한 것이지만, 통상 이런 임무와는 어울리지 않는 왕립호주육군근무지원단과 영국 및 인도 기병대 소속 병사들도 이런 작전에 나서기도 했다. 대규모 작전이 없는 가운데 용감무쌍한 정찰활동은 부대뿐만 아니라 병사 개개인에게도 자랑스러운 일이 되었다.(짐 로리어 그림)

황에 처했다. 그중에는 완전히 파괴된 장비도 있었지만, 애석하게도 수리가 가능한 장비들도 있었다. 이 사례는 영국 기갑부대의 고질적인 문제점을 다시 한 번 증명한 셈이었다. 그들은 포위를 피하기 위해 전장에서 너무 멀리 철수하면서 근처에서 전장을 확보해줄 보병을 남기지 않았다. 따라서 장비복구팀이 활동할 여지도 없었다.

다음날 2RTR은 26대의 순항전차로, 6RTR은 21대의 크루세이더전차로 출발했다. 거점206에 4RTR A중대가 버티고 있지 않았다면, 그리고 나중에 그들을 B중대가 지원하지 않았다면 불가능한 일이었다. B중대는 두 번이나 주인이 바뀌는 격전을 치른 후 최종적으로 거점206을 확보했다. 이 과정에서 영국군은 8대의 마틸다전차를 더 잃었다. 4기갑여단이 보유했던 100대의 마틸다전차는 37대로 그 수가 줄었다. 그나마도 정비병들이 아침까지 11대의 전차를 되살리는 데 성공했기 때문에 확보된 숫자였다.

배틀액스 작전 이틀째가 되자 영국군의 전차 전력은 반 이상 줄어 있었다. 이제 독일군 기갑부대의 주력과 교전을 벌여야할 운명이었다. 당시 영국군은 몰랐지만, 독일의 5경사단은 96대의 전차로 이동중이었으며 아리에테 사단 예하 부대들이 그들을 지원했다. 독일군의 방어진지들이 강공을 당했지만 거점206을 제외한 나머지는 여전히 모두 건재했다. 노획된 서류와 지속적인 무전감청으로 판단할 때 영국군의 좌익 후방이 공격에 취약한 상태였고, 롬멜은 바로 그 부분을 노리고 있었다. 독일군 8전차연대가 카푸조 요새로 진격하는 동안 5전차연대는 영국군 후방으로 우회할 예정이었다.

작전 2일차, 카푸조 요새에서 모든 무기를 갖춘 채 적절한 위치를 확보한 적진지 앞에서 8기갑연대는 허둥거렸다. 대전차포를 비롯해 차체를 지면에 묻고 은폐한 마틸다전차와 1야포연대의 25파운드 대포가 대단히 강력한 방어진을 형성하고 있었던 덕분에 스코틀랜드 근위연대 2대대는 솔룸의 병영들을 장악할 수 있었다.

인도 11보병여단은 할파야패스를 소탕하기 위해 두 번이나 더 공격에 나섰다가 실패했다. 여기서는 전세가 뒤바뀌어 바흐와 그의 병사들은 준비가 잘된 진지에 들어가 있었다. 롬멜은 이곳 수비대에 보급물자가 부족해졌을 것으로 우려했지만, 5경사단이 영국군 7기갑여단을 우회하려는 시도는 번번이 영국군의 행운으로 좌절되었다. 예기치 않은 영국군의 돌격으로 사막을 통과하는 수송로가 막혔기 때문에 독일군은 영국의 2RTR과 6RTR 사이를 돌파하려고 시도했다. 비록 실패하기는 했지만, 어쨌든 이러한 시도가 영국군의 전력을 조금씩 약화시키고는 있었다.

밤이 되자 영국군의 기동가능 전차는 11대로 줄어들었다. 다음날 아침, 7기갑사단장 크레아(Creagh)는 자신의 부대에 겨우 순항전차 22대와 마틸다전차 17대밖에 남지 않았다고 웨이벨에게 보고할 수밖에 없었다. 독일군이 전차 약 80대로 시디술레이만(Sidi Suleiman)을 향해 연합공격을 개시하자, 인도 4보병사단을 지휘하던 프랭크 메서비(Frank Messervy) 소장은 22(근위)여단이 고립되기 전에 철수시키기로 결정했다. 6월 17일 밤이 되자 서부사막군의 전 병력은 시디바라니-소파피 라인으로 후퇴했다. 이것으로 배틀액스 작전은 종료되었다.

RTR 부대사는 이 상황을 씁쓸한 어조로 기록했다.

"배틀액스는 실수를 뜻하는 단어가 되었다."

이 작전에서 영국군은 122명 전사, 588명 부상, 259명 실종이라는 인명피해를 입었고, 야포 4문, 폭격기 3대, 전투기 33대, 순항전차 27대, 크루세이더전차 45대, 마틸다전차 64대를 잃었다. 그러나 이 전투에서도 반복된, 영국군으로서는 결코 간과하지 말아야 할 또 하나의 중요한 요소는 독일의 우월한 근무지원체계였다. 즉, 고장난 채 버려진 수많은 영국군 장비들이 독일군의 수중에 들어가 되살아난 것이다.

독일군도 93명 전사, 353명 부상, 253명 실종이라는 인명피해를 입었지만, 장비 측면에서는 비행기 10대와 전차 25대만을 잃었다. 이 전투는 영국군이 원했던 본격적인 전차전으로 발전하지 않았다. 독일군은 장거리에서 영국 전차들을 마음껏 두들기며 반격할 수 있었다.

처칠은 자신이 '호랑이새끼들' 이라고 여겼던 장비들이 입은 손실에 큰 충격을 받았다. 6월 22일, 웨이벨이 면도를 하고 있을 때 준장 계급의 일반참모 하나가 새로운 소식을 전했다. 그의 자리가 오친렉으로 교체될 것이라는 내용이었다. 그는 감정적인 동요를 보이지 않고 이렇게 말했다.

"수상의 생각도 맞아. 이 일에는 새로운 눈과 새로운 손이 필요해."

그리고 그는 면도를 계속 했다. 이 날은 중동에서 큰 변화가 생긴 날이었다. 동시에 제2차 세계대전 자체도 돌이킬 수 없는 변화를 맞이하게 된 날이었다. 독일이 소련을 침공한 것이다.

:: 포위전의 여름

모든 잉여병력을 수비병력으로 차출한 후 요새방어군에는 약 1만5,000명의 호주군과 500명의 인도군, 그리고 7,500명의 영국군이 존재했다. 영국군은 주로 포병과 기관총사수, 전차병 및 기타 여러 행정부대원들이었다. 이들 중 상당수는 보병으로서 너무나 효과적으로 근무한 나머지 총검을 소지할 수 있는 권리를 유지했으며 스스로 알아서 총검을 장비했다.

레드라인은 원래 이탈리아군이 건설한 거점들로 이루어진 방어선이었다. 원래 있던 거점에서 파괴된 잔해들을 깨끗하게 정리한 후 그 자리에 새로운 병력이 배치되었다. 보통 한 거점당 12명의 병력이 투입되었다. 그들은 기본적인 개인화기 외에 추가적인 자동화기를 소지했다(모두들 노획한 자동화기를 꼼꼼하게 정비해서 사용했다).

레드라인에서 3킬로미터 뒤에 블루라인이 있었다. 블루라인에는 소대진지가 연속으로 배치되었다. 각 진지 주위는 대전차호와 철조망으로 둘러쌌다. 또 박격포와 기타 중화기로 방어능력을 강화했으며 전적으로 자신의 뒤에 있는 포병 라인을 보호하도록 위치를 배정했다. 포위되어 있는 기간 내내 모든 방어진지들은 계속 지뢰밭을 확대하면서 방어력을 강화했다.

영연방 군대가 스스로 토브룩 요새 안에 봉쇄된 이래로 호주군은 양측 사이의 무인지대로 정찰대를 내보내기 시작했다. 훗날 모스헤드는 이렇게 기술했다.

"나는 무인지대를 우리 땅으로 만들겠다고 굳게 결심했다."

정찰대의 규모와 목적은 다양했다. 단순히 한 곳을 지키고 서서 적의 움직임을 감시하거나 적의 이동로와 관련된 정보를 획득하기도 하고, 새로 등장한 적의 방호벽을 살피기도 했다. 전투정찰의 경우에는 아예 적의 진지를 습격하거나 포로를 잡는 임무를 수행했는데, 종종 장갑차와 혼성

'바르디아 빌(Bardia Bill)'은, 독일군이 방어군을 공격하고 괴롭히는 목적으로 사용한 많은 '공성포'들 중 하나였다. 사진 속의 포는 구경 159밀리미터 프랑스 공성포이다. 포가 입을 벌릴 때마다 '빌'과 방어군 포병들 간에 끊임없는 대결이 벌어졌다. 방어하는 쪽은 언제나 빌이 한 발이라도 더 발사하기 전에 맞대응하려고 부심했다.(AWM 040453)

웨이벨은 전술적인 기만 및 작전적 차원의 기만전술을 제공받기 위해 'A' 부대를 구성하면서, 그 지휘관 더들리 클라크(Dudley Clarke)에게 "어떤 상황에서도 병사들의 우편물이 반드시 전달되게 하라"고 강조했다. 고향에서 멀리 떠난 병사들에게 우편물보다 더 소중한 선물은 없었다. 사진에 보이는 것은 야전우체국에서 배달을 기다리는 우편물들이다. 결과적으로 호주군을 토브룩 요새에서 철수하게 만든 것은 요새에서 고향으로 배달된 편지들이었다. 아이러닉하게도, 포위된 요새 안의 생활에 아무런 불만이 없다는 내용이 본토에서는 오히려 문제가 되었다.(IWM E4175)

부대를 이루어 정찰에 나서기도 했다. 3기갑여단의 통신병 프랭크 해리슨은, 입고 있는 군복의 색깔만큼이나 앳된 독일군 포로 한 명을 인솔해 오던 호주군을 만난 적이 있었다. 그 호주군은 포로를 잡던 상황을 이렇게 설명했다.

"원래 열여섯 명의 빌어먹을 놈들이 있었지. 나머지 열다섯 놈이 도망치려고 하길래 우리가 인정을 베풀어 인생을 종치게 해줬어."

호주병사들은 어둠 속에서 포복으로 이동하는 행동이야말로 보병생활의 참맛이라며 스스로 즐기고 있었다. 호주군에는 '사랑과 키스(love and kisses)'라는 유명한 정찰방식이 있었다. 레드라인에 있는 거점들 사이에서 적의 침투를 방지하기 위해 매일 수행되었던 정찰방식이었다. 먼저 한 쪽 거점의 정찰반이 옆에 있는 초소를 향해 출발하여 두 초소의 중간구역에 도달한 다음 그곳에 비치된 두 개의 막대를 나란히 눕혀놓는다. 잠시 후 다른 한 쪽의 거점을 출발한 정찰반이 막대를 다시 X자 모양으로 바꾸어 놓는 식이다. 만약 막대의 모양에 변화가 없으면 건너편 거점에 문제가 생긴 것으로 보고 그곳을 확인하기 위해 정찰을 계속해나갔다.

호주군 대신 투입된 폴란드 병사들에 대해서는 "일단의 강인한 병사들이 또 다른 강병을 교체했다"는 설명이 적절할 듯하다. 많은 호주군인들은, 자신들이 시작한 전투를 끝까지 수행하지 못했다는 사실에 실망감을 표시했다. 반면에 독일군으로서는 폴란드의 카르파티아 여단(Carpathian Brigade) 덕택에 편히 쉴 수 없는 상황이 되었다. 블랙워치(Black Watch) 등과 같은 몇몇 뛰어난 연대들을 차출해 구성한 영국의 정규군 70사단도 토브룩의 방어선을 굳건하게 지킬 것이 틀림없었다.(IWM E5564)

수색작전은 철저한 준비를 갖춰야 했고 꼭 필요한 장비만 휴대했다. 밑창이 부드러운 전투화를 신거나, 그것이 없을 경우 양말로 군화 밑창을 감싸 소리를 죽였다. 정찰 임무에는 오로지 총검과 수류탄만 가지고 갔다. 장교는 권총을 소지했는데, 가능하다면 브라우닝 자동소총 한두 정을 휴대했다. 보다 공격적인 임무일 경우에는 휴대장비를 더욱 줄이고, 무기와 철조망절단기처럼 꼭 필요한 특수장비만 가져갔다. 이들은 낮 동안 은폐하고 있다가 저녁 때 적의 작업반을 노리기도 했고, 때로는 똑같은 작전을 구사 중인 독일군과 조우하기도 했다. 종종 독일군이나 이탈리아군 진지의 후방에 지뢰를 매설하여, 다음날 진지로 돌아오는 적의 수송차량을 위협하기도 했다. 어떤 정찰대의 경우에는 한 무리의 공병들이 참여하여 독일군 관할구역에서 지뢰 500개를 파오기도 했다. 이렇게 확보한 지뢰는 아군 방어구역의 빈 공간에 매설되었다. 이탈리아군의 지뢰를 파오기도 했지만, 가장 좋은 방법은 낮시간에 어느 진지에서 지뢰를 매설하는지 관찰해두었다가 아직 파묻지 않고 쌓아둔 지뢰를 급습하여 훔쳐오는 것이었다. 이렇게 하면 묻혀 있는 지뢰를 땅에서 파내는 수고를 덜 수 있었다.

기병대 또한 이와 같은 보병의 정찰활동에 동참했다. 1KDG는 보병으로서 방어선의 한 구역을 담당했고, 말을 타지 않고 수행하는 정찰임무에 금세 적응했다. 그들은 '겉멋만 들었다'는 평판을 불쾌해했고, 자신들도 뭔가를 할 수 있다는 사실을 증명하려고 애썼다. 5월 29일, 마침내 이들에게 자신의 능력을 증명줄 기회가 왔다. 이 날 9명의 정찰대가 처음으로 철조망을 넘어갔다. 지휘는 팔머(Palmer) 대위가 맡았고, 기관총 사수 1명을 대동했다. 나머지 대원들은 총검과 수류탄을 소지했다. 4명이 거점 S25 앞에서 적의 시선을 유도하는 동안 나머지 대원들은 호주군의 방식을 그대로 적용하여 용감하게 돌격했다. 적어도 적군 4명을 죽이고 여러 명에게 부상을 입히는 동안 아군은 단 1명만 부상당했을 뿐이었다. 이 일로 그들은 '국왕안무단(KDG: King's Dancing Girls)'이라는 별명을 얻었다.

호주군인들이 칼을 그다지 선호하지 않았던 것에 비해 에드워드 7세의 연대 소속 18기병대 인도병사들은 칼의 명수들이었다. 이들은 맨발이나 샌들을 신고 정찰에 나갔다. 확실한 먹잇감을 향해 소리 없이 다가가기 위해 샌달은 낡은 고무 타이어로 만들었다. 서 있거나 혹은 앉아 있는 적의 보초 뒤로 두 명이 기어가, 한 명이 적의 팔을 잡아 꼼짝 못하게 누르고 나머지 한 명이 그들의 목을 땄다. 이런 피비린내 나는 기습에서 안전한 사람들은 오직 호주병사들 뿐이었다. 인도병사들은 호주병사들의 햇볕에 그을린 옷깃의 배지를 보고 어깨를 툭툭 치며 다정하게 말했다.

"호주군은 걱정할 것 없어."

어느 날 밤, 인도 정찰대는 총을 옆에 두고 잠이 든 이탈리아군 3명을 발견했다. 그들은 이탈리아 병사 2명의 목을 따고 가운데 있던 병사만 살려두었는데, 그는 잠에서 깨자 곧바로 공황상태에 빠졌다.

토브룩에서의 일상생활은 파리와 벼룩, 먼지에 시달리는 삶이었다. 적어도 4일에 하루 꼴로 바람이 모래먼지를 일으켰다. 사막 내부에서 불어오는 모래열풍인 캠신(khamseen)은 말할 것도 없고, 보통의 먼지바람도 모든 것을 삼켜버리곤 했다. 물은 항상 부족했다. 하루에 한 사람당 0.75리터의 물이 배급되었는데, 그것으로 모든 것을 다 해결해야 했다. 소금기가 섞여 있으며 염소로 정화된 맛없는 물이었다. 호주의 전선특파원인 체스터 윌모트(Chester Wilmot)는, 알렉산드리아로부터 한 병의 '향기로운 물' 을 가지고 온 사람을 만났다. 그것을 나누어 마신 사람들은 모두 탄성을 질렀다.

전선에 공급된 음식은 주로 쇠고기 통조림과 딱딱하게 굳은 비스킷이었다. 밤에는 뜨거운 식사(주로 쇠고기 스튜)가 전방에 추진되었다. 해안 근처에 있던 군인들은 (수류탄으로) 물고기를 잡을 수 있었다. 그렇지 않은 경우 이들의 식단은 쇠고기 통조림이 지배했다. 아이러닉하게도 독일군은 적군으로부터 노획한 쇠고기 통조림을 이탈리아제 고기 통조림보다 좋아했다. 'AM' 이라고 불리던 이탈리아제 통조림은 추축군 식단을 지배했다(독일군은 곧바로 AM에 질려버렸지만).

일단 배고픔과 싸워야 하는 상황 속에서 식단이 단조롭다는 것은 대부분의 병사들에게 문제도 아니었다. 절실한 것은 우편물과 담배였다. 1인당 1주일에 50개피의 담배가 할당되었는데 매점에서 50개피를 더 살 수 있었다. 이런 면에서 호주군인복지기금(Australian Comforts Fund, 제1차 세계대전 당시 참전 호주군의 복지와 후생을 위해 본토의 여성들이 조직한 펀드—옮긴이)이 필수적이었는데, 처음부터 토브룩에 있던 병사들은 모두 호주군으로 간주되었다.

한여름이 되면서 영연방 병사들은 이탈리아군을 비교적 애정어린 오락거리로 간주하게 되었다. 그들이 지나치게 근접하여 기관총 세례를 퍼붓는 경우가 아니라면, 이탈리아 작업요원들은 일반적으로 평화를 누릴 수 있었다. 가장 가까운 이탈리아군 거점으로 영연방군이 너무나 빈번하가 들락거리자 이탈리아군은 그 초소를 아예 포기해버리기도 했다. 이탈리아군을 포로로 잡아야 할 일이 생기거나 그들이 먼저 자신들에게 도발하지 않는 한, 영연방 병사들도 일부러 이탈리아군의 피를 보려고 하지는 않았다.

하지만 독일군에 대해서만은, 그들의 존경할 만한 군사적 능력에 합당한 대접을 해주었다. 호주군의 전술적 역량이 향상되자 양군은 서로를 존경하게 되었다. 저격은 독일군에게 불안을 안겨주는 특별한 요소였다. 어떤 독일병사는 훗날 이렇게 기록했다.

"호주군의 저격수는 놀라운 성과를 거뒀다. 그들은 눈에 보이는 것이라면 무엇이든 맞추었다. 그들은 단 한 발로 전방을 관찰하던 대대 하사관들의 머리를 관통시켰다. 대포의 포대경도 그들의 목표물이었다. 관측창이나 총안을 통해 누군가 밖을 내다보면 곧바로 저격수의 총탄이 그 틈으로 날아와 목숨을 앗아가곤 했다."

보통의 전선에서라면 있을 법한 '적대감' 같은 감정들이 사막 전선에서는 거의 존재하지 않았다. 수없이 많은 휴전이 합의되어 부상자를 치료하기 위한 기회로 이용되었으며, 심지어 같은 고난을 함께한다는 동료애를 느끼기도 했다. 방어선의 일부 구역, 특히 엘아뎀의 동부 지역에서는 사실상의 휴전이 매일 밤 2시간씩 유지되었다. 그 시간이 양측 병사들에게는 식량과 물을 보급받는 시간으로 피차 암묵적으로 합의되어 있었다. 그 시간에는 그 어떤 정찰활동도 이루어지지 않았고, 혹 사격을 하더라도 상대방을 조준한 사격은 아니었다. 자정 무렵이 되면 예광탄 한 발이 수직으로 솟아올랐고, 그것이 휴전이 끝났다는 신호였다. 이런 요소들이 길고 힘든 이곳에서의 삶을 조금이나마 더 편안하게 해주었다.

이런 상황들을 롬멜이 알고 있었는지 여부는 알려져 있지 않지만, 그가 이런 조치를 승인했을 것 같지는 않다. 그에게 토브룩은 일종의 강박관념과도 같은 대상이었다. 그해 여름이 지나감에 따라 롬멜은 토브룩 함락을 향한 노력에 더욱 박차를 가했다.

토브룩 함락을 위해 롬멜은 자신의 부대에 공성포(攻城砲)를 추가했다. 이 대포들은 주로 노획한 프랑스 무기들로 구성되어 있었다. 덕분에 토브룩 방어군의 고난은 더욱 가중되었다. 6월 중순부터 포위공격이 끝날 때까지, 독일 공성포대 '바르디아 빌(Bardia Bill)'과 '샐리언트 수(Salient Sue)'는 와디아우다 양수장과 항구의 선박들을 향해 포탄을 날렸다. 항구에서는 '에스키모 넬(Eskimo Nell)'이라는 이름의 배가 특히 그들의 주의를 끌었다. 이 배는 스펀지 채집용 어선으로, 예전에 노획한 6척 중 한 척이었다. 영국해군은 이 배들을 'F급'이라 명명하고 토브룩 주변의 온갖 잡일에 투입했다. 독일군은 계속 항구 안을 오락가락하던 배들 중 5척을 차례로 없애버렸지만, 에스키모 넬만은 포격에서 무사히 살아남았다.

독일군 공성포에 맞서기 위해 12야포연대의 2대대와 왕립기마포병 104포병연대는 다수의 60파운드 및 25파운드 대포와 노획한 2문의 149밀리미터 해안포를 대(對)포병사격용 전력으로 활용했다. 이들은 결국 바르디아 빌의 위치를 대부분 확인했고, 그 결과 바르디아 빌은 채 12발을 발사하지 못하고 적의 대포병사격을 당하곤 하였다.

포병사령관인 L. F. 톰슨 준장은 롬멜의 여러 포진지들을 공격하고 싶어했다. 포진지의 위치 확인이 정찰에 좋은 목표를 제공했다. 하지만 근본적으로 추축군의 포병대를 완전히 잠재우기란 불가능했다. 포대가 너무 많았기 때문이다. 결국 여름 내내 추축군의 포병은 영연방군의 방어구역 안으로 계속해서 폭탄세례를 퍼부었다.

| 전투의 여파 |

8월이 되면서 포위전의 양상이 일상생활로 정착되자, 병사들의 편지에는 점점 더 지루함이 묻어났다. 이런 상황이 몇달 더 계속되자 체념을 하는 듯한 모습을 보이는 병사들이 있는가 하면, 아예 이런 상황을 철학적으로 음미하는 병사가 생겨나기도 했다. 젊은 호주 포병 하나는 자신의 어머니에게 보낸 편지에 이렇게 적었다.

"저는 여기서 너무 행복해요. 그 이유는 모르겠어요! 노래하는 새도 없고 꽃도 없고, 잔디도, 나무도, 강도 보이지 않아요. 그래도 저는 그저 행복해요. …… 제 생각에 토브룩에서 동료들과 함께하는 삶을 즐기면서 진한 전우애를 느끼는 것 같아요. 우리는 세상과 약간 격리되어 있어요. 우리가 할 일은 오직 한 가지, 단 한 가지뿐이에요. 이곳을 지키는 것이죠. 이곳의 경험은 제가 영원히 소중하게 간직하게 될 추억이 될 거예요. 그리고 내가 거기에 있었다고 자랑스럽게 회고하게 되겠죠."

이런 편지들이 호주에 있는 병사들의 어머니나 아내, 애인들에게 미치는 영향은 '분노의 증가'였다. 그들은 호주병사들이 더러운 사막에서 야만인처럼 살고 있으며, 적절한 음식도 제공받지 못한 채 잠깐씩이나마 카드놀이나 수영, 내기, 수면 등을 즐길 여유조차 없이 지내고 있다고 느끼게 되었다. 그들이 과연 어떤 꼴을 하고 고향에 돌아올 것이며, 고향에 돌아오려고나 할까? 영국과 호주 언론의(그리고 독일 선전성이 기쁘게 활용한) '호주 땅개(Digger)'들에 대한 지긋지긋한 칭송이 계속 이어지면서, 전쟁은 주로 영연방 자치령 병사들이 치르고 영국은 그저 팔짱을 낀 채 구경만 하고 있다는 여론이 확산되기 시작했다.

이는 심각한 정치적 결과를 낳았다. 당시 호주 수상이었던 로버트 멘지스(Robert Menzies)는 호주군을 독립된 군단으로 통합시켜 전장에 보내겠다고 약속했지만, 이런 약속도 아무 소용이 없었다. 호주군은 그리스로, 시리아로 보내졌고, 패퇴한 영국육군을 돕기 위해 시레나이카로 파견되었다. 게다가 겉으로 보기에는, 마치 영국해군이 아닌 호주해군 구축함들이

"토브룩의 모든 들쥐(Tobruk Rat)들은 지난 8개월에 걸친 포위전에서 해군이 어떤 역할을 했는지 잘 알고 있다. 해군은 아프고 병든 병사를 철수시켰고, 반복적으로 탄약과 물자와 증원병력을 실어 날랐다." 이것은 해군에 감사하는 마음을 가진 어느 호주 병사의 기록이다. 이 사진은, 자신들이 싣고 온 물자 옆에서 수병들이 한때의 휴식을 즐기는 모습이다.(IWM E6195)

호주육군에게 보급품을 공급하는 것처럼 보였다. 비록 오해이기는 했지만 1941년 여름에는 이러한 분위기가 일반적이었다.

호주의 멘지스 행정부는 교체되었고, 그것도 노동당 정부로 교체되었다. 양국 정부는 토브룩에서 호주군을 철수시키라는 유권자들의 압력을 받고 있었다. 처칠에게도 호주군을 철수시키라는 요구가 제기되자, 중동 군사령관 오친렉 장군은 즉각적인 사임을 표할 뻔했다. 오친렉은 자신이 호주 정부의 신임을 받지 못하고 있다고 생각했던 것이다. 오친렉은 새로 도착한 50(노섬브리아)사단을 토브룩 요새 대신 키프로스에 배치했다는 이유로 처칠로부터 심한 질책을 당했다. 오친렉 역시 웨이벨과 동일한 압박을 당하기 시작한 것이다. 그러나 적당한 때에 해결책이 등장했다. 호주군을 폴란드군이 대체하기로 한 것이다. 7월말에는 폴란드군이 온다는 소문이 토브룩에 떠돌았으며, 얼마 지나지 않아 폴란드 장교들이 사단본부에 모습을 나타냄으로써 소문의 진위가 확인되었다. 8월 중순, 호주 18여단이 교체되었다.

이것은 앞으로 전개될 일련의 수송작전(트리클Treacle, 수퍼차지Supercharge, 컬티베이트Cultivate 작전)의 시작이었다. 병력교체는 10월말까지 계속되면서 폴란드 카르파티아 여단과 영국 70사단이 호주 9사단을 대체하게 되었다. 이런 대규모 병력교체 임무는 대부분 무월광(無月光) 시기에 한 쌍이 단대를 구성한 구축함들에 의해 수행되었다. 이 작전은 대단히 성공적이었다. 컬티베이트 작전에만 7,138명이 투입되었고, 7,234명의 병사와 727명의 부상자가 빠져나왔다. 모든 작전은 대단히 효율적으로 이루어졌다. 배들은 해뜨기 전에 가능한 한 항구에서 멀리 벗어나기 위해 30분만에 모든 하역작업을 마쳤다.

모스헤드는 그와 함께 했던 영국군 부대들도 교체해줄 것을 희망했지만 기각되었다. 토브룩 방어군에 있던 대부분의 영국군 부대들은 포위공격 내내 토브룩에 잔류했다. 호주군의 경우에는 13연대 2대대만이 남아, 호주군이 토브룩 방위에 끝까지 참여했다는 상징적 의미를 지키게 될 예정이었다. 그들은 원래 10월 25일 밤에 요크&랭카스터 연대(York and Lancaster Regiment) 2대대에 임무를 인계한 후 부두 옆에서 참을성 있게 기다렸으나 배는 끝내 도착하지 않았다. 이들을 수송하기로 한 배들이 세 번이나 심각

구축함으로부터 레스터셔(Leicestershire)연대 2대대가 도착하는 장면을 지켜본 체스터 윌모트는 이렇게 묘사했다. "영국 토미(Tommy: 영국군의 별명-옮긴이)들이 비좁은 현문을 따라 줄줄이 내려오더니 널려 있는 잔해들을 가로질러 방파제로 향했다. 딱딱한 군화 밑창이 철판에 부딪칠 때 발생하는 철거덕 소리는 들리지 않았다. 이들은 고무로 만든 사막용 군화를 신고 있었던 것이다. 이들에게는 그런 신발이 필요하다. 배의 현문은 몹시 비좁았고, 병사들은 아랍의 그 어떤 노새보다 더 무거운 장비를 짊어지고 있었다. 그럼에도 300명이 하선을 완료하는 데 불과 10분이 걸렸을 뿐이다."(AWM PO1810.002)

한 공습을 당한 것이다. 기뢰부설함인 HMS 라토나(Latona)는 침몰했고, 구축함인 HMS 히어로(Hero)는 심각한 손상을 입었다. 이 배들을 기다리던 많은 호주병사들은 갯내음 풍기는 경사면에 그대로 남게 되었다.

이러한 구조작전은 다른 의미에서도 의미심장했다. 그것은 오친렉이 구상한 작전계획의 첫 번째 준비단계였다. 오친렉 장군은 이러한 병력교체 작전을 통해 토브룩을 구하고 추축군을 시레나이카 밖으로 몰아내려고 했다. 그것이 바로 '크루세이더(Crusader) 작전' 이다.

| 참고 문헌 |

Maj P. C. Barucha, *Official History of the Indian Armed Forces in the Second World War: The North Afirican Campaign 1940~45*, Historical Section(India and Pakistan), 1956.

Corelli Barnett, *The Desert Generals*, William Kimber, 1960.

John Connell, *Wavell: Scholar and Soldier*, William Collins, 1964.

Frank Harrison, *Tobruk: The Great Siege Reassessed*, Arms and Armour, 1996.

Anthony Heckstall-Smith, *Tobruk: The Story of a Siege*, Anthony Blond, 1959.

Ronald Lewin, *The Chief*, Hutchinson, 1980.

The Life and Death of the Africa, Batsford, 1977.

James Lucas, *Panzer Army Africa*, MacDonald and Jane's, 1977.

Kenneth Macksey, *Afrika Korps*, Pan/Ballantine, 1968.

Barton Maughan, *Ausralia in the War 1939~1945* Vol III: Tobruk and El Alamein, Australian War Memorial, 1966.

Barrie Pitt, *The Crucible of Western Desert 1941*, Jonathan Cape, 1980.

I. S. O. Playfair(et. al.,)*History of the Second World War: The Mediterranean and the Middle East*, Vol II: HMSO 1956.

Desmond Young, *Rommel*, Collins, 1950.

| 플래닛미디어 책 소개 |

프랑스 1940

제2차 세계대전 최초의 대규모 전격전

앨런 셰퍼드 지음 | 김홍래 옮김 | 한국국방안보포럼 감수 | 값 18,000원

1940년, 독일의 승리는 세계를 놀라게 했다. 유럽의 강대국이자 세계에서 가장 거대한 군대를 보유하고 있던 프랑스는 불과 7주 만에 독일군에게 붕괴되었다. 독일군이 승리할 수 있었던 비결은 무기와 전술을 세심하게 개혁하여 '전격전'이라는 전술을 편 데 있었다. 이 책은 프랑스 전투의 배경과 연합군과 독일군의 부대, 지휘관, 전술과 조직, 그리고 장비를 살펴보고, 프랑스 전투의 중요한 순간순간을 일종의 일일전투상황보고서식으로 자세하게 다루고 있다. 당시 상황을 생생하게 보여주는 기록사진과 전략상황도 및 입체지도를 함께 실어 이해를 돕고 있다.

쿠르스크 1943

동부전선의 일대 전환점이 된 제2차 세계대전 최대의 기갑전

마크 할리 지음 | 이동훈 옮김 | 한국국방안보포럼 감수 | 값 18,000원

1943년 여름, 독일군은 쿠르스크 돌출부를 고립시키고 소련의 대군을 함정에 몰아넣어 이 전쟁에서 소련을 패배시킬 결전을 준비하고자 했다. 그러나 전투가 시작될 당시 소련군은 이 돌출부를 대규모 방어거점으로 바꾸어놓은 상태였다. 이어진 결전에서 소련군은 독일군의 금쪽같은 기갑부대를 소진시키고 마침내 전쟁의 주도권을 쥐었다. 그 후 시작된 소련군의 반격은 베를린의 폐허 위에서 끝을 맺었다.
히틀러와 소련 지도부의 전략적 판단, 노련한 독일 기갑군단, 그리고 독소전쟁 개전 이후 지속적으로 진화를 거듭해온 소련군의 역량이 수천 대의 전차와 함께 동시에 충돌하며 쿠르스크의 대평원에서 장엄한 스펙타클을 연출한다.

노르망디 1944

제2차 세계대전을 승리로 이끈 사상 최대의 연합군 상륙작전

스티븐 배시 지음 | 김홍래 옮김 | 한국국방안보포럼 감수 | 값 18,000원

1944년 6월 6일 역사상 가장 규모가 큰 상륙작전이 북프랑스 노르망디 해안에서 펼쳐졌다. 연합군은 유럽 본토로 진격하기 위해 1944년 6월 6일 미국의 드와이트 D. 아이젠하워 장군의 총지휘 하에 육 · 해 · 공군 합동으로 북프랑스 노르망디 해안에 상륙작전을 감행한다. 이 작전으로 연합군이 프랑스 파리를 해방시키고 독일로 진격하기 위한 발판을 마련하게 된다. 이 책은 치밀한 계획에 따라 준비하고 수행한 노르망디 상륙작전의 배경과, 연합군과 독일군의 지휘관과 군대, 그리고 양측의 작전계획 등을 비교 설명하고, D-데이에 격렬하게 진행된 상륙작전 상황, 그리고 캉을 점령하기 위한 연합군의 분투와 여러 작전을 통해 독일군을 격파하면서 센 강에 도달하여, 결국에는 독일로부터 항복을 받아내는 극적인 장면들을 하나도 놓치지 않고 자세하게 다루고 있다.

벌지 전투 1944 (1)

생비트, 히틀러의 마지막 도박

스티븐 J. 잴로거 지음 | 하워드 제라드 그림 | 강경수 옮김 | 한국국방안보포럼 감수 | 값 18,000원

1944년, 노르망디 상륙작전의 성공으로 연합군은 그해가 다 가기 전에 전쟁을 끝낼 수 있을지도 모른다는 희망에 부풀어 있었다. 그러나 이미 독일군의 예봉은 동부전선에서 거두어져 서부전선으로 향하고 있었다. 실패할 경우 다시 일어설 수 있는 전력이 남아 있지 않다는 점에서 마지막 도박이라고 할 수 있었던 히틀러의 "가을안개"작전으로, 연합군은 의표를 찔렸고 저지국가 일대의 습하고 변덕스런 날씨와 울창한 삼림 속에서 독일군과 뒤엉킨 채 숱한 혼전을 치러야 했다. 그리고, 작전개시 첫 열흘 동안 벌어진 생비트 일대에서의 격전으로 벌지 전투의 향방은 사실상 결정되었다.

벌지 전투 1944 (2)

바스토뉴, 벌지 전투의 하이라이트

스티븐 J. 잴로거 지음 | 피터 데니스 · 하워드 제라드 그림 | 강경수 옮김 | 한국국방안보포럼 감수 | 값 18,000원

이 책은 1944년의 마지막 며칠 동안 뫼즈 강으로 진출하려는 독일군과 이를 저지하려는 미군 사이에서 벌어진 벌지 남부지역의 치열한 전투를 다루고 있다. 전투 과정에서 독일군은 미국의 2개 보병연대를 포위섬멸하는 대전과를 거두기도 했지만, 바스토뉴 공방전에서 미국의 가공할 물량전에 밀림으로써 마지막 예봉이 꺾이고 말았다. 벌지 전투의 하이라이트이자 TV드라마 〈밴드 오브 브라더스〉 등으로도 유명해진 바스토뉴 공방전이 사실에 입각하여 철저하고 생생하게 재현된다.
수많은 전투를 치러온 양측 백전노장들의 두뇌싸움과 논전은 실로 흥미진진하며 진격과 후퇴, 묘수와 실책, 행운과 불운 속에 갈리는 양측의 희비는 드라마보다도 더 극적이다.

지은이 존 라티머(John Latimer)
저자는 스완지(Swansea)에서 살고 있다. 이곳에서 그는 해양학을 공부했고 환경과학과 관련된 다양한 경력을 쌓은 후 전업작가로 활동하고 있다. 17년간 영국의 국방의용군(Territorial Army)에서 복무했는데 그 사이에 호주 예비군에서 복무한 적도 있다. 그는 이미 오스프리 출판사의 전쟁사 시리즈 중『1940년 컴퍼스 작전(Operation Compass 1940)』을 저술한 바 있다. 또한『기만전술(The Art of Deception in War)』의 저자이기도 하다.

그린이 짐 로리어(Jim Laurier)
이 책의 삽화를 그린 짐 로리어는 1978년에 파이어스 예술대학(Paiers School of Art)을 우등으로 졸업했고 이후 프리랜서 일러스트레이터로 활동하며 다양한 분야에서 어려운 과제들을 수행했다. 군사 분야에 많은 관심을 갖고 있으며 특히 항공과 전차에 커다란 흥미를 느끼고 있다. 현재 미국항공예술가협회(American Society of Aviation Artists)와 뉴욕일러스트레이터협회(New York Society of Illustrators) 및 미국전투기에이스협회(American Fighters Aces Association)의 회원이기도 하다.

옮긴이 김시완
건국대학교 영어영문학과, 한국정신문화연구원 한국학대학 석사. '한국독서교육회'를 운영하면서 전문번역가로 활동 중이다. 저서로는『천지인 대동제(자유문학, 1992)』, 역서로는『한국전쟁의 기원(인간사랑)』,『포스트모더니즘과 사회논쟁(현대미학사)』,『비움(마주한)』,『저주받은 아나키즘(우물이 있는 집)』 등이 있다.

감수자 이명환
공군사관학교 28기 졸업 및 임관(1980). 서울대학교 서양사학과에서 학사 및 석사학위를 받고 독일 쾰른대학교(Universität zu Köln)에서 역사학 박사학위를 받았다. 공군사관학교 군사전략학과 전쟁사 교수를 역임했고, 현재 서원대학교 강의교수와 군사전문기자로 활동하고 있다. 번역서로는『제공권(G. Douhet, The Command of the Air)』,『서양전쟁사(M. Howard, War in European History)』 등이 있고, 논문으로는 "독일연방군의 군사개혁", "6 · 25전쟁 중 한국 공군의 항공작전" 등이 있다.

KODEF 안보총서 96

토브룩 1941

사막의 여우 롬멜 신화의 시작

개정판 1쇄 인쇄 2018년 1월 2일
개정판 1쇄 발행 2018년 1월 8일

지은이 | 존 라티머
그린이 | 짐 로리어
옮긴이 | 김시완
펴낸이 | 김세영
펴낸곳 | 도서출판 플래닛미디어

주소 | 04035 서울시 마포구 월드컵로8길 40-9 3층
전화 | 02-3143-3366
팩스 | 02-3143-3360
등록 | 2005년 9월 12일 제 313-2005-000197호
이메일 | webmaster@planetmedia.co.kr

ISBN 979-11-87822-13-4 03390